应用建筑力学

（下）

—— 结构力学

主　编　曹学才　李之祥
副主编　周立熙　张学平

云南大学出版社

图书在版编目（CIP）数据

应用建筑力学·下，结构力学/曹学才，李之祥主编. —3 版. —昆明：云南大学出版社，2011

ISBN 978 - 7 - 5482 - 0393 - 3

Ⅰ.①应... Ⅱ.①曹...②李... Ⅲ.①建筑力学—高等学校—教材②结构力学—高等学校—教材 Ⅳ.①TU311②O342

中国版本图书馆 CIP 数据核字（2011）第 047943 号

应用建筑力学（下）
曹学才 李之祥 主编

策　　划	徐　曼
责任编辑	徐　曼
封面设计	何　璞
出版发行	云南大学出版社
印　　装	云南科技印刷厂
开　　本	787×1092 毫米　1/16
印　　张	11
字　　数	262 千
版　　次	2011 年 4 月第 3 版
印　　次	2011 年 4 月第 6 次印刷
书　　号	ISBN 978 - 7 - 5482 - 0393 - 3
定　　价	22.00 元

地　　址：云南省昆明市翠湖北路 2 号云南大学英华园内（邮编：650091）
发行电话：发行部 0871 - 5033244　5031071
网　　址：http：//www.ynup.com　E - mail：market @ ynup.com

目　录

第三篇　结构力学

第三篇　结构力学

第十二章　结构力学基本概念

结构力学的研究对象、任务、方法

1.结构力学的研究对象

凡用建筑材料建造并能承受一定荷载作用的建筑物或构筑物,统称为建筑结构(简称为结构)。大如高楼、拱坝、桥梁、隧洞,小的如一榀屋架等都是结构的具体例子。结构力学的研究对象就是这些不同形式的结构。

2.结构力学的任务

工程中不论采用哪一种型式的结构,首先要求它在任意荷载作用下能保持自己的几何形状和位置不变。如图所示的体系在工程中是不存在的,因为在微小的外力 P 作用下就会改变它的几何形状和位置(图中虚线所示),所以它就不能作为结构。由此可见,一个结构,首先应该是几何不变的,这就要求我们研究体系的几何组成规律及合理的结构形式。

生产实践告诉我们,当荷载达到某种程度时,结构中某些杆件可能因受力过大而破坏。这是由于强度不足所引起的,通常称为强度问题。如果结构的强度能满足要求,但因变形过大而影响正常使用,这称为刚度问题。从材料力学课程中我们知道,细长的杆件受到轴向压力后会产生屈曲,这种现象称为"失稳"。结构中某一根杆件或几根杆件的失稳会导致整个结构的倒塌,因此,我们还必须重视结构的稳定问题。

根据上述分析,结构力学的研究主题(或者说它的任务)是:

研究和解决工程实践中提出的有关结构的强度、刚度和稳定性的问题。

结构力学与理论力学、材料力学有密切关系。理论力学着重讨论物体在外力作用下的外部效应——运动或平衡。材料力学和结构力学则均讨论由于外界因素引起的内部效应——强度、刚度和稳定性问题。所不同的是,材料力学主要是以单个杆件为研究对象,结构力学则以杆件组成的结构(称为杆系结构)为研究对象。

3、结构力学的研究方法

截面法是揭示材料内力的统一手法。所以在结构力学中,仍然是用截面法截取结点或杆件这两个单元来进行分析的。

结构力学中介绍的计算方法是多种多样的,但所有方法都必须以下列三点为依据:

(1)力系的平衡条件;

(2)变形的几何连续条件;

(3)应力与应变之间的物理条件。

为了便于记忆,读者可把上述内容简单地归纳为一个主题、两个单元、三点依据。

最后还要谈一下,本书所讨论的结构计算方法是建立在"手算"的基础上的。电子计算机的出现对结构力学产生了巨大的影响,形成了以电子计算机和计算技术为基础的"电算"方法,或叫做结构力学的计算机方法(简称为计算结构力学)。但是电算非但不排斥结构力学的基本理论,而是需要更加重视基本理论。

第一节　结构的计算简图

在理论力学和材料力学课程中所接触到的简支梁、桁架、拉杆拱等(图12-1),都是实际结构的计算简图(或称为力学模型)。那末,为什么要用计算简图来代替实际结构呢? 因为实际结构是很复杂的,即使是一个非常简单的实际结构,要想完全按照结构的实际情况,严格地进行力学分析,也会变得极端复杂,甚至是不可能的。因此,从现实和可能出发,在计算时常常需要把实际结构作适当的简化,这种经过简化了的结构图形称为结构的计算简图。对于任何实际结构,我们都是通过它的计算简图来进行受力分析的。所以,计算简图若选得太简略,就会影响计算结果的可靠性;但若选得过于复杂,则计算起来又会发生困难。因此,合理选择结构的计算简图是结构计算中的一项极为重要而又必须首先解决的问题。

选择结构计算简图的原则是:

1.通过这种计算简图所得到的结果,基本上能正确反映结构的主要工作情况。

2.根据这种计算简图进行计算时,计算工作比较简单、方便。

把一个实际结构简化成为计算简图,需要从哪些方面着手简化呢? 一般说来有以下三个方面:

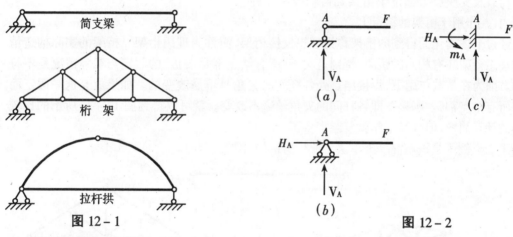

图 12-1　　　　　　　　　　　　　图 12-2

(一)结构的简化:

结构的简化就是杆件和结点的简化。杆件的简化就是用它的轴线来代替原结构。对于直杆,就用相应的直线表示,对于曲杆,则用相应的曲线表示。对于由单个杆件连接起来的结构,各杆轴线相交的几何中心称为结点。结点可按其实际构造情况简化为铰结点和刚结两种。

(二)支座的简化

支座可根据其实际构造情况简化为活动铰支座、固定铰支座和固定支座三种(图12-2a、b、c)。

(三)荷载的简化

实际结构所受的荷载,如体荷载(如结构的自重)和面荷载(如风荷载、雪荷载以及人和设备的重量等)两种。但在计算简图中,通常把它们简化为作用于结构构件纵轴线上的线荷载、集中荷载或力偶。

为了说明结构简化的一般方法，我们举下面两个例子。

第一个例子，如图 12 - 3a 所示。这是一个钢桁架，所有杆件都是用焊接连接，它的计算简图通常是采用图 12 - 3b 所示的理想桁架。这种桁架是根据下列简化得来的：

结构的简化

桁架所有杆件都是绝对平直的，可以用它的几何轴线来代替，这些轴线都位于同一平面内。汇集于同一结点的杆件，其几何轴线都通过结点中心，全部结点都当作理想铰结。

支座的简化

桁架两端的支座可分别用一个可动铰支座和一个固定铰支座表示。

荷载的简化

荷载及支座反力都位于桁架几何轴线所在的平面内，并作用于桁架的结点上。

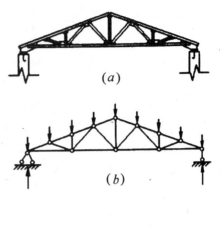

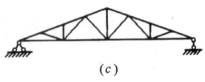

图 12 - 3

经过上述简化而得到的桁架称为理想铰接桁架，简称为理想桁架。桁架的实际构造情况与理想桁架还有相当的距离，特别是关于"所有结点都是铰接"的假定与实际情况是不符合的。因为在荷载作用下，焊接结点处各杆间的夹角是不易改变的。如果放弃这一假定而假定所有结点都是"刚接"，即各杆间的夹角丝毫不改变。就可以得到图 12 - 3c 所示的比较精确的计算简图，但计算工作就复杂得多了。

第二个例子是钢筋混凝土单层工业厂房结构(图 12 - 4a)。

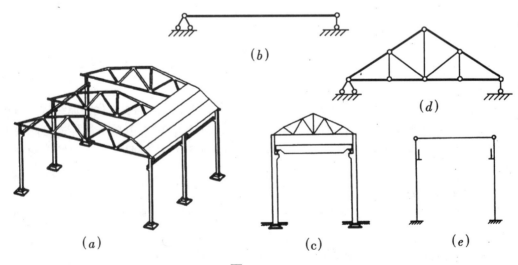

图 13 - 4

厂房顶部用预制屋面板铺设在屋架上，屋架搁置在柱子顶上，吊车梁搁置在柱子的牛腿上。这样,由屋面板、吊车梁、柱子及柱间支撑和连系梁等(图中未画出)连接成一个空间结构体系。它们的主要承重结构是由屋架、柱子和基础构成的平面排架。

屋盖荷载通过屋面板传给屋架,再由屋架把荷载传给两边的柱子;吊车荷载通过吊车梁传给柱子的牛腿;柱子则把所有荷载都传递给基础。横向排架结构承担着厂房的主要荷载。

根据上述分析可知,实际结构虽然是一个空间结构,但在计算时可采用平面排架结构来分析。如图 12 – 4c、d、e 所示。

对于屋架的计算简图,屋架的各结点可视为铰结点,屋盖传来的荷载的处理为结点荷载,作用在屋架平面内。屋架的各杆件,用其轴线来代替,并通过结点的铰心。屋架与柱顶的连接是通过预埋钢板焊接而成,虽不能发生相对线位移,但仍有微小转动的可能。因此,屋架与柱顶的连接可简化为一端固定铰支,另一端活动铰支,如图 12 – 5a 所示。

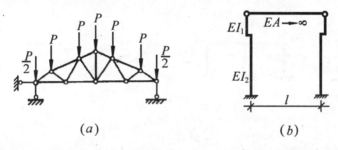

(a) (b)

图 12 – 5

在计算排架柱时,可通过上下柱的轴线代替柱子。屋架与柱子可简化为铰结,且屋架可视为刚度无限大的刚性链杆(不产生轴向变形)柱子与基础的连接可简化为刚性连接(固定端),该排架的计算跨度 l 取两下柱轴线间的距离。计算简图如 12 – 5b 所示。

通过以上所举的两个例子,说明如何选取合适的计算简图是结构设计中十分重要而又比较复杂的问题,必须从实际情况出发,并以实践经验为基础,作出合理的假定。必须指出,在选定一个新型结构的计算简图时,一定要通过实验来验证,不能单凭自己的主观臆断,轻易作出决定。否则,如与结构实际工作情况不符,将会导致严重后果。对于一些常用的结构型式,由于前人已积累了许多宝贵经验,我们可以采用这些已为实践所验证的常用的计算简图。

第二节 结构的分类

由上所述可知,结构力学所研究的是代表实际结构的计算简图。但为了简便起见,仍将这些计算简图称为结构。因此,所谓结构的分类,实际上是指结构计算简图的分类。

为什么要对结构进行分类呢? 主要是因为各类结构在计算方法上有所不同。在具体分类时,按照不同的观点可以有不同的分类方法,现简要介绍如下:

一、按几何观点分类

1.杆件结构 所谓杆件就是它的长度远大于截面的宽度和高度,而杆件结构就是由一根或多根杆件通过一定的连接方式所组成的。杆件结构通常可分为下列几类:

(1)梁 梁是受弯构件,可以是单跨的,也可以是多跨的,见图 12 – 6a、b 所示。

(2)拱 拱的轴线为曲线,其力学特点是在竖向荷载作用下,支座不仅产生竖向反力,而且还产生水平反力。拱顶可以设铰(见图 12 – 6c),也可以不设铰(见图 12 – 6d)。

(3)桁架 桁架由直杆组成,所有结点都是铰接,在结点荷载作用下,只产生轴力(见图 12 – 6e)。

(4)刚架 刚架也是由直杆组成,其结点为刚接(见图 12 – 6f)。

(5)组合结构 组合结构是由桁架中的链杆和梁或刚架组合在一起形成的结构(见图 12 – 6g、h)。

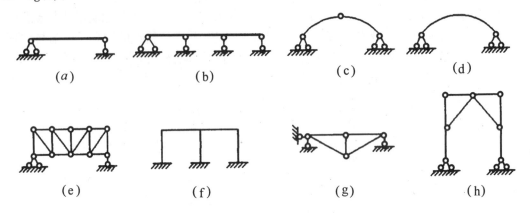

(a) (b) (c) (d)

(e) (f) (g) (h)

图 12 – 6

2.薄壁结构 厚度远远小于宽度和长度的结构称为薄壁结构。当它为平板状物体时称为薄板(图 12 – 7a),当它具有曲面外形时称煤为薄壳(图 12 – 7b)。

3.实体结构 这类结构的共同特点是体形大,三个方向的尺度都比较大。通常是由砖、石、混凝土等材料砌筑而成的。如挡土墙(图 12 – 7c)、重力坝(图 12 – 7d)等。

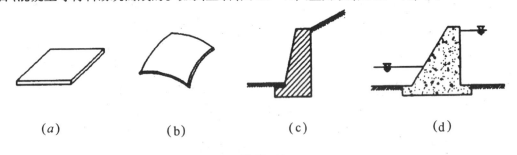

(a) (b) (c) (d)

图 12 – 7

二、按空间观念分类

1.平面结构 如果结构的几何轴线与荷载的作用线都位于同一平面内,则可称为平面结构。

2.空间结构 如果结构的几何轴线不位于同一平面内,或者荷载的作用线不位于结构平面内,则此类结构称为空间结构。例如图 12 – 8 所示的结构,各杆轴线不在同一平面内,荷载 p 的作用线不在 xoz 平面内,故属于空间结构。

严格地说,一切实际结构都是空间结构。不过在许多场合下,根据结构的组成特点以及荷载的传递途径,并按照实用上许可的近似程度,把它们分解为几个独立的平面结构,从而使计算大为简化。但是,并不是任何空间结构都可以分解为平面结构的。例如图 12 – 8a 所示的多跨薄壳结构以及图 12 – 8b 所示的网状圆顶屋架,均具有明显的空间特征,因此就必须作为空间结构来分析。

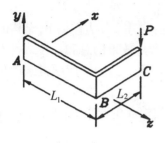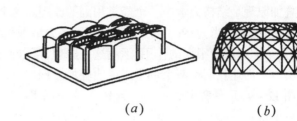

(a)　　　　　　　　　(b)

图 12 – 8

三、按计算方法分类

1.静定结构　结构的支座反力和内力都可由静力平衡方程式求得,称为静定结构,如图 12 – 6a、c、e 都是静定结构。

2.超静定结构　结构的支座反力或内力不能仅由静力平衡条件来确定,而是必须考虑变形的几何条件,才能求得者,称为超静定结构。如图 12 – 6b、d、f、g、h 都是超静定结构。

本书只讨论静定或超静定的平面杆件结构。

第三节　荷载的分类

关于荷载的分类,从不同的观点出发也有不同的分类方法。这里介绍几种主要的分类方法。

一、按荷载的分布范围分类

1.集中荷载　真正的集中荷载是没有的,只是当荷载分布的面积远远小于结构的尺寸时,才把它简化为集中作用于一点的荷载,即集中荷载。

2.分布荷载　是指连续分布在结构上的荷载,当分布荷载的集度沿杆件长度不变时,称之为均布荷载。

二、按荷载作用在结构上的时间久暂分类

1.恒载　永恒作用于结构上,其大小和方向均不随时间而改变的荷载,称为永久荷载。如结构物的自重及固定设备的重量等。

2.活载　作用在结构上的时间比较短暂,其大小、方向和位置均可随时间而改变的荷载称临时荷载。如风荷载、雪荷载、楼面上货物或人的重量以及桥梁上的车辆荷载等。

三、按荷载作用的特征分类

1.静力荷载　荷载逐渐而缓慢地作用于结构上,在其作用下,结构上各点均无加速度,或加速度小得可以忽略不计,这种荷载称为静力荷载。如结构的自重以及楼面上人及设备的重量等均可当作静力荷载来处理。

2.动力荷载　荷载的大小、方向或作用点都随时间而迅速地变化,在其作用下,结构上各点的加速度不能忽视,这种荷载称为动力荷载。如地震、振动、冲击等荷载均应作为动力荷载。

第四节　叠加原理

结构力学的基础,就是线弹性,小变形。在此基础上,内力、变形均可运用叠加原理求

出。

叠加原理是结构力学中一个经常用到的原理。这个原理是:在几个外力作用下,结构的内力(包括支承反力)及各部分的变形,等于各力单独作用时所产生效果的总和。在结构力学中,这个原理起着很大的作用,运用这一原理,可以使许多比较复杂的力学问题得到简化和解决。下面让我们举两个例子来说明叠加原理:

图 12-9a 示悬臂梁受集中荷载 P_1 及 P_2 的作用,现欲求固定端 A 的弯矩 M_A。由平衡方程式可求得:

$$M_A = -P_1 l - P_2 a \tag{12-1}$$

显然,式中右边第一项是 P_1 单独作用时支座 A 的弯矩,第二项是 P_2 单独作用时支座 A 的弯矩。因此上式表明,P_1 和 P_2 共同作用时支座 A 的弯矩,等于 P_1 及 P_2 单独作用时所产生弯矩的总和。

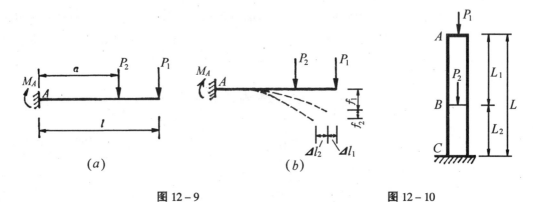

图 12-9   图 12-10

但是,如果考虑到结构的变形,情况就不一样了。我们可以用图 12-9b 所示的悬臂梁来说明。当 P_1 作用时,自由端将下垂 f_1,跨度 l 将缩短 $\triangle l_1$。如果再把 P_2 作用上去则自由端将继续下垂 f_2,跨度将继续缩短 $\triangle l_2$。因此 P_1 对 A 端的力矩也将随之而改变。这就有力地说明,P_1、P_2 同时作用时,固定端 A 的弯矩,并不等于两者单独作用时的和,由此看出,只有当结构的这种变位与结构本身的尺寸相比极为微小时,叠加原理才能成立。

图 12-10 示一柱子受有轴向压力 P_1 及 P_2 的作用,现欲求 A 点的竖向线位移 $\triangle$(即整个柱子的缩短)。

假设虎克定律可以应用,即应力与应变成正比,并假定结构的变位与结构本身尺寸相比极为微小,不影响荷载作用点的位置。则当 P_1 与 P_2 共同作用时 AB 段的压力为 P_1,BC 的压力为 $(P_1 + P_2)$,故全柱的缩短(即 A 点的线位移)为:

$$\triangle = \frac{p_1 l_1}{AE} + \frac{(p_1 + p_2) l_2}{AE} = \frac{p_1 (l_1 + l_2)}{AE} + \frac{p_2 l_2}{AE} = \frac{p_1 l}{AE} + \frac{p_2 l_2}{AE} = \frac{p_1 l}{AE} + \frac{p_2 l_2}{AE} \tag{12-2}$$

上式中的 A 及 E 分别表示柱子的横截面面积及拉(压)弹性模量。上式右边的第一项表示 P_1 单独作用时柱子的缩短,第二项表示 P_2 单独作用时柱子的缩短。因此,上式表明,P_1 和 P_2 共同作用时柱子的变形,等于 P_1 及 P_2 单独作用时所产生变形之和。

这里要强调两点:1.如果材料不服从虎克定律,也就是说应力和应变不成正比,例如,当应力由某一数值增大一倍时,应变可能增大好几倍。则 P_1 和 P_2 共同作用时的变形,肯定不会等于两者单独作用时的变形之和。

2.如果考虑结构的变形,则当 P_1 作用时,柱子将发生缩短,随后再在 B 点加上 P_2 时,P_2 的作用点离固定端 C 的距离将不再是 l_2 了。这又进一步说明,P_1、P_2 共同作用下柱子的变形,并不等于两者单独作用时所产生之和。

通过上述两个例子的分析可以看出:严格说来,叠加原理对于任何结构都不是绝对正确的,要使叠加原理能够适用,必须具备以下两个条件:

1．材料服从虎克定律,应力与应变成正比;

2．结构的变形与结构本身尺寸相比极为微小,因而对荷载作用位置的影响可以不计。

上述第一个例子由于是求静定结构(悬臂梁)的内力,只用平衡方程式即可确定。因此只要满足上述第二个条件就可以应用叠加原理。但如果是计算结构的变形,则就必须同时满足上述两个条件时,才能应用叠加原理。

从式(12－1)看出:内力(弯矩)是荷载的一次代数方程,即内力与荷载呈线性关系。从式(12－2)看出:变形也是荷载的一次代数方程,即变形与荷载也呈线性关系。凡内力及变形都与荷载呈线性关系的结构称之为线弹性体系。

以后如没有特别说明,我们就一律假定所有的结构都是线弹性体系,也就是说都可以应用叠加原理。

本章小结

一、结构力学所研究的不是实际结构,而是实际结构的计算简图。

二、一个实际结构简化成计算简图,通常从以下三个方面着手:

1.结构的简化:杆件的简化:以轴线代替杆件。杆件之间的联系:铰接或刚接。

2.支座的简化:活动铰支座、固定铰支座及固定支座。

3.荷载的简化:线荷载、集中荷载及力偶。

三、叠加原理是结构计算中一个极重要的原理。建议读者把材料力学课程中的叠加原理复习一下,然后再阅读本章第五节的基本内容,务求领会叠加原理以及叠加原理适用条件的精神实质。

思 考 题

一、确定结构的计算简图应遵循哪些基本原则? 简化的基本内容有哪些?

二、能否这样理解:永久荷载一定是静力荷载,临时荷载一定是动力荷载?

三、应用叠加原理求一个静定结构的支座反力和内力时,需要有什么样的限制条件? 应用叠加原理求一个超静定结构的反力和内力时,需要有什么样的限制条件? 应用叠加原理求结构(静定或超静定)的位移时,又需要有什么样的限制条件?

四、有一根铸铁的简支梁(静定梁),已知铸铁的应力与应变不成正比。试问:

1.能否用叠加原理计算任一截面的弯矩和剪力?

2.能否用叠加原理计算梁的挠度?

习　题

12-1　图示为预制钢筋混凝土阳台挑梁,试画挑梁的计算简图。

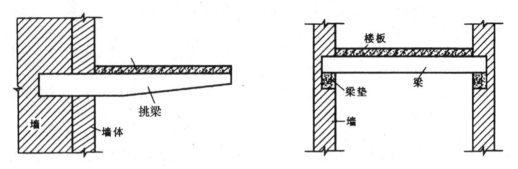

习题 12-1 图　　　　　　　　　习题 12-2 图

12-2　房屋建筑中,楼面的梁板式结构如图示,梁两端支承在砖墙上,楼板用以支承人群或其他物品。试画梁计算简图。

12-3　吊车梁的上部为钢筋混凝土预制 T 形梁,下部各杆件由角钢焊接而成,吊车梁两端与钢筋混凝土立柱牛腿上的预埋钢板焊接,试画吊车梁计算简图。

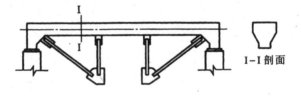

习题 12-3 图

第十三章　平面体系的几何组成

第一节　几何组成分析的目的

一、几何不变体系和几何可变体系

杆系结构是由杆件相互连接而组成用来支承荷载的。保持体系的几何形状和位置不变是结构的必要条件。因此,由杆件组成体系时,并不是任何组成都能作为工程结构作用。例如图 13 - 1a 是一个由两根链杆与基础组成的铰接三角形,在荷载的作用下,可以保持其几何形状和位置不变,可以作为工程结构使用。图 13 - 1b 是一个铰接四边形,受荷载作用后容易倾斜如图 13 - 1b 中虚线所示,则不能作为工程结构作用。但如果在铰接四边形中加一根斜杆,构成如图 13 - 1c 所示的铰接三角形体系,就可以保持其几何形状和位置,从而可以作为工程结构使用。

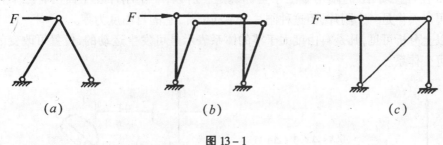

(a) 　　　　　(b) 　　　　　(c)

图 13 - 1

将杆件体系按其几何稳定性分为两类:

(一)几何不变体系

当体系受到任意荷载后在不考虑材料的应变条件下,几何形状和位置保持不变的体系称几何不变体系,如图 13 - 1a、c 所示。

(二)几何可变体系

当体系受到任意荷载后在不考虑材料的应变条件下,几何形状与位置可以改变的体系称几何可变体系,如图 13 - 1b 所示。

二、几何组成分析的目的

结构必须是几何不变体系。在设计结构和选取其计算简图时,首先必须判别它是否是几何不变的。这种判别工作称为体系的几何组成分析。对体系进行几何组成分析可达如下目的:

1. 保持结构的几何不变性,以确保结构能承受荷载并维持平衡。

2. 根据体系的几何组成,以确定结构是静定的还是超静定的,从而选择反力与内力的计算方法。

3. 通过几何组成分析,明确结构的构成特点,从而选择结构受力分析的顺序。

在进行几何组成分析时,由于不考虑材料的应变,因而组成结构的某一杆件或者已经判明是几何不变的部分,均可视为刚体。

第二节 平面体系的自由度

一、刚片

平面内的刚体称为刚片。在对体系作几何组成分析时,梁,柱,链杆或已经判明的几何不变体系,地基基础等均视为刚片。

二、自由度

确定体系位置所必须的独立坐标的个数,称自由度。自由度也可以说是一个体系运动时,可以独立改变的几何参数的数目。

如图 13-2a 所示平面内一点 A(x,y),运动至 A′(x+△x,y+△y)时,是在平面内沿水平方向移动△x,又沿垂直方向移动△y 的结果。所以,一个点在平面内可以独立改变位置的坐标有两个,因而有两个自由度。如图 13-2b 所示的一个刚片,在平面内除了可以沿水平方向和垂直方向移动外,还可以自由转动。它的位置通常是用其上任一点 A 的坐标 X、Y 和通过 A 的任一直线 AB 的倾角 φ 三个坐标确定。所以,一个刚片在平面内有三个自由度。地基也可以看作是一个刚片,但这种刚片是不动刚片,它的自由度为零。

由以上分析可见,凡是自由度大于零的体系表示是可发生运动的,位置可改变的,即都是几何可变体系。

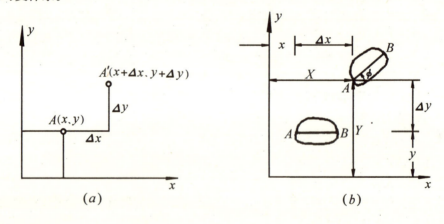

图 13-2

三、约束

能限制构件之间的相对运动,使体系自由度减少的装置称为约束。一个约束可以减少一个自由度,n 个约束就可能减少 n 个自由度。工程中常见的约束有以下几种:

1. 链杆 如图 13-3a 所示,刚片 AB 上增加一根链杆 AC 的约束后,刚片只能绕 A 转动和铰 A 绕 C 点转动。原来刚片有三个自由度,现在只有两个,因此,一根链杆可使刚片减少一个自由度,相当于一个约束。

2. 铰支座 如图 13-3b 所示铰支座 A,可阻止刚片 AB 上、下和左、右的移动,只能产生转角 φ。因此,铰支座可使刚片减少两个自由度,相当于两个约束,亦即相当于两根链杆。

3.(简)单铰 凡连接两个刚片的铰称简单铰。简称单铰。如图 13-3c 所示的,连接刚

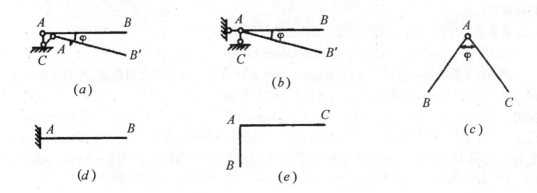

图 13 - 3

片 AB 和 AC 的铰 A。AB 和 AC 各有三个自由度,共计是六个自由度。用铰连接后,假设 AB 有三个自由度,AC 则只能绕 AB 转动,即 AC 只有一个自由度,所以体系的自由度为四。可见,(简)单铰可减少自由度两个。也就是说,一个(简)单铰相当于两个约束,或者说相当于两根链杆。

4. 固定端支座 如图 13 - 3d 所示固定端,不仅阻止刚片 AB 上、下和左、右的移动,也阻止其转动。因此,固定端支座可使刚片减少三个自由度,相当于三个约束。

5. 刚性连接 如图 13 - 3e 所示,AB 和 AC 之间为刚性连接。原来刚片 AB 和 AC 各有三个自由度,共为六个自由度。刚性连接后,将 BAC 视为一个刚片,则只有三个自由度。可见,刚性连接可使自由度减少三个。因此,刚性连接相当于三个约束。

第三节 几何不变体系的组成规则

规则一:二元体规则

在一个刚片上增加或拆除一个二元体仍为几何不变体系(图 13 - 4a),所谓二元体是指一个铰连接不在同一直线上的两根链杆,如图 13 - 4a 中所示的 BAC 部分。

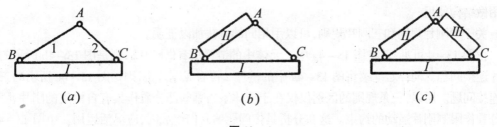

图 13 - 4

规则二:两刚片规则

两个刚片用一个铰和一根链杆相连,且铰和链杆不在同一直线上,组成几何不变体系(图 13 - 4b)。或两个刚片用不全平行也不全交于一点的三根链杆连接,组成几何不变体系。

规则三:三刚片规则

三个刚片用三个不共线的铰两两相连,组成几何不变体系(图 13 - 4d),这种几何不变体系称铰接三角形。

现证明为什么图 13-4a 所示的二元体是几何不变体系。

1. 先证明二元体中 A 点为什么要用两根链杆相连方可组成几何不变体系。

将刚片 I 看成是基础，它是固定不动的，则点 A 相对于刚片有两个自由度，先用链杆 1 连接，这时 A 点可以在以 B 为圆心，链杆 1 的长为半径的圆弧上移动，因而 A 点还有一个自由度，如图 13-5a 所示。如果是先加链杆 2，A 点又只能在以 C 为圆心、链杆 2 的长为半径的圆弧上移动。链杆 1 与 2 同时加于 A 点时，则 A 点只可能在沿 1 杆转动的弧线和沿 2 杆转动的弧线交点上，如图 13-5b 所示，A 点完全被固定，因此组成几何不变体系，且无多余约束。如果再加一根链杆 3，如图 13-5c 所示，这时体系仍为几何不变的，但有一个多余约束。

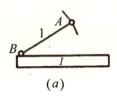
(a)

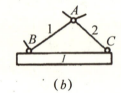
(b)

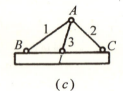
(c)

图 13-5

2. 再证明二元体中为什么要强调用不共线的两根链杆相连方可组成几何不变体系。

在图 13-6 中，两链杆 1、2 在一条直线上。从约束的布置上就可以看出是不恰当的，因为链杆 1 和链杆 2 都是水平的，因此，对限制 A 点的水平位移来说具有多余约束，而在竖向没有约束，A 点可沿竖向移动，体系是可变的。另外，从几何关系方面亦可证明上述结论，设想去掉铰 A 将链杆 1、2 分开，则杆 1、2 上的 A 点将分别沿圆弧①、②转动。因圆弧①和圆弧②在 A 点有公切线，铰 A 可沿此公切线方向运动，亦说明体系是可变

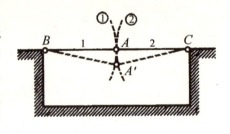

图 13-6

的。不过当铰 A 发生微小移动至 A′时，两根链杆将不再共线，运动亦将不继续发生。这种在某一瞬间可以发生微小位移的体系称为瞬变体系。瞬变体系是可变体系的一种特殊情况，不能用做结构使用。

关于两刚片规则和三刚片规则，可以用相同的方法加以证明。

由图 13-4 可见，若将图 13-4a 中二元体中的链杆 1 看做刚片 II，则是图 13-4b 所示的两刚片连接问题。同样若继续将图 13-4a 中的链杆 2 再看成刚片 III，则是图 13-4c 所示的三刚片连接问题。所以，三条规则的区别仅仅在于把体系的哪些部分看作具有自由度的刚片，哪些部分看作限制刚片运动的约束。这在分析具体问题的几何组成时，应灵活运用。由图 13-4a、b、c 可进一步看出，三条规则的限制条件就是 A、B、C 三点不能在一条直线上，亦即不能是瞬变体系。也可以说三条规则的共同点是图 13-4a、b、c 中 A、B、C 三点连线应构成一个三角形，这种三角形是组成几何不变体系的基本部分。

在约束的种类中曾经讲过，一个铰相当于两根链杆。这就是说图 13-7a 所示用铰 C 连接的刚片 I 和 II 与图 13-7b 所示用两根链杆 AC、BC 连接两刚片效果一样，两链杆的交点 C 称为实铰。对于图 13-8a 所示刚片 I 和 II 用两根链杆 AD、BE 相连。以 C 表示两链杆延长线的交点，刚

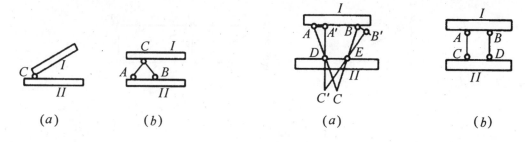

図 13-7   図 13-8

片I、II可以看成是在点C处用铰相连接。也就是说,两根链杆所起的约束作用,相当于在链杆延长线交点处的一个铰所起的约束作用,这个铰称为虚铰。应当注意的是,当刚体作微小运动后,相应的虚铰位置将随之改变,例如图13-8a中由C改变到C′。图13-8b两刚片I、II用两根平行链杆AC和BD相连,其虚铰C将在无穷远处。

利用虚铰的概念,规则二(两刚片规则)还可表述为:两刚片用三根不交于一点且不互相平行的链杆相连,组成几何不变体系,如图13-9a所示。

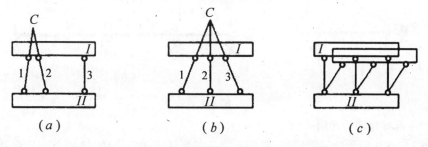

图 13-9

图13-9b为用相交于同一点C的三根链杆连接刚片I、II,这时刚片II仍可绕虚铰C转动,是几何可变体系。图13-9c为三链杆相互平行情况,三链杆相交于无穷远的虚铰处,这时刚片I相对于刚片II可作相对平移,也是几何可变体系。

第四节 几何组成分析举例

几何组成分析的依据是上节所述的各个组成规则。只要能正确和灵活地运用它们,便可分析各种各样的体系。分析时,一般先从能直接观察出的几何不变部分开始,应用体系组成规律,逐步扩大不变部分直至整体。对于较复杂的体系,为了便于分析,可先拆除不影响几何不变性的部分(如二元体);对于折线形链杆或曲杆,可用直杆等效代换。下面分别举例说明。

一、能直接观察出的几何不变部分有如下几种

(一)与基础相连的二元体

如图13-10a所示的三角桁架。是用不在同一直线上的两链杆将一点和基础相连,构成几何不变的二元体。对图13-10b所示桁架作几何组成分析时,观察其中ABC部分系由链杆1、2固定C点而形成的几何不变二元体。在此基础上,分别用链杆(3,4)、(5,6)、(7,8)组成二元体,依次固定D、E、F各点。由图可见,其中每对链杆均不共线,由此组成的桁架属几何不变体系,且无多余联系。

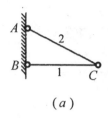
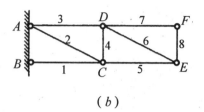

(a)   (b)

图 13 - 10

(二)与基础相连的一刚片

如图 13-11a 所示的简支梁。是用不交于同一点的三根链杆,将刚片和基础相连,构成几何不变体系。对图 13-11b 所示多跨梁作几何组成分析时,观察其中 ABC 部分,是由不交于同一点的三根链杆 1、2、3 和基础相连组成几何不变体系。于是,可以将 ABC 梁段和基础一起看成是一扩大了的基础。在此基础上,依次用铰 C 和链杆 4 固定 CDE 梁,用铰 E 和链杆 5 固定 EF 梁。由图可见,铰 C 与链杆 4 及铰 E 与链杆 5 均不共线,由此组成的多跨梁属几何不变体系,且无多余联系。

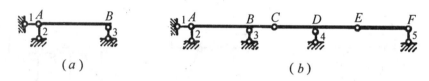

(a)   (b)

图 13 - 11

(三)与基础相连的两刚片

如图 13-12a 所示的三铰刚架,是用不在一条直线上的三个铰,将两个刚片和基础三者之间两两相连构成几何不变体系。对图 13-12b 所示体系作几何组成分析时,观察出其中 ABC 部分为几何不变的三铰刚架。可以将三铰刚架 ABC 与基础一起看成是一个扩大了的基础。在此基础上,继续用不共线的铰 D、E、F 将刚片Ⅲ、Ⅳ与扩大基础两两相连。再用不共线的铰 G、H、K 将刚片Ⅴ、Ⅵ与扩大基础两两相连,共同组成几何不变体系,且无多余约束。

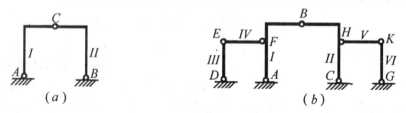

(a)   (b)

图 13 - 12

二、先拆除不影响几何不变性的部分再进行几何组成分析

图 13-13 所示体系,假如 BB′以下部分是几何不变的,则 1、2 两杆为二元体,亦即几何不变故可先将二元体部分去掉,只分析 BB′以下部分。当去掉由 1、2 链杆组成的二元体后,又因体系左、右完全对称,因此,只分析半边体系的几何组成即可。现取左半分析,将 AB 当作刚片,由 3、4 链杆固定 D 点组成刚片Ⅰ,如图中影线部分。将 CD 当作刚片Ⅱ,则刚片Ⅰ、Ⅱ和基础由不在一条直线上的三个铰 A、C、

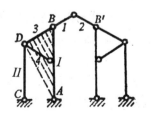

图 13 - 13

· 16 ·

D 两两相连构成几何不变体系。于是整个体系几何不变且多余约束。

对图 13-14a 所示屋架进行几何组成分析时,因为此体系的支座链杆只有三根且不相交于同一点,所以,若体系本身为一刚片,则它与地基是按两刚片规则组成的。因此可只分析体系本身即可。由图 13-14b 所示体系本身可见,1、2、3 杆组成几何不变的铰接三角型,然后分别用(4,5)、(6,7)、(9,10)、(8,11)、(12,13)各对链杆组成二元体,依次固定 D、C、G、H、B 各点。其中每对链杆均不共线,故此屋架几何不变且无多余约束。

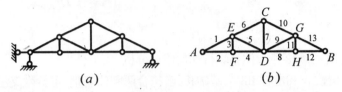

图 13-14

三、利用等效代换措施进行几何组成分析

对图 13-15a 所示体系作几何组成分析时,由观察可见:T 形杆 BDE 可作为刚片 I。折杆 AD 也是一个刚片,但由于它只用两个铰 A、D 分别与地基和刚片 I 相连,其约束作用与通过 A、D 两铰的一根链杆完全等效,如图 13-15a 中虚线所示。因此,可用链杆 AD 等效代换折杆 AD。同理可用链杆 CE 等效代换折杆 CE。于是图 13-15a 所示体系可由图 13-15b 所示体系等效代换。

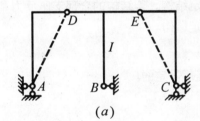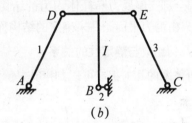

图 13-15

由图 13-15b 可见,刚片 I 与地基用不交于同一点的三根链杆 1、2、3 相连,组成几何不变体系,且无多余约束。

以上是对体系进行几何组成分析过程中,常采用的一些可使问题简化的方法。实际问题往往较复杂,需综合运用各种方法,其关键在于灵活运用。

例 13-1 试对图 13-16 所示多跨梁进行几何组成分析。

[解]:将 AB 梁段看作刚片,它用铰 A 和链杆 1 与基础相连,组成几何不变体系。看作扩大基础。将 BC 梁段看作链杆。则 CD 梁段用不交于同一点的链杆 BC、2、3 和扩大基础相连组成几何不变体系,且无多余约束。

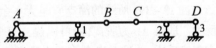

图 13-16

例 13-2 试对图 13-17 所示体系,进行几何组成分析。

[解]:用链杆 DG、FG 分别代换折杆 DHG 和 FKG。体系的 ADE 部分与基础用链杆 EB 和铰 A 相连,与基础一起组成几何不变体系,然后分别用各对(EF,CF)、(DG,FG)链杆依次固定 F、G 点,其中每对链杆均不共线,组成几何不变体系,且无多余约束。

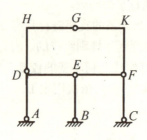

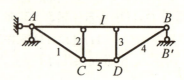

图 13 - 17   图 13 - 18

例 13 - 3　试对图 13 - 18 所示体系进行几何组成分析

[解]:体系本身用铰 A 和链杆 BB′与基础相连,符合两刚片规则,可拆除支座链杆,只分析体系本身即可。将 AB 看成刚片Ⅰ,用链杆 1、2 固定 C,链杆 3、4 固定 D,则链杆 5 是多余约束,因此体系本身是几何不变,但有一个内部多余约束。

第五节　静定结构与超静定结构

一、静定结构与超静定结构

平面杆系结构可分为静定结构和超静定结构两种。凡只需要利用静力平衡条件就能计算出结构的全部支座反力和杆体内力的结构称为静定结构。若结构的全部支座反力和杆件内力,不能只由静力平衡条件来确定的结构称为超静定结构。

二、几何组成与静定性的关系

分析体系的几何组成可以判定其是静定的还是超静定的。

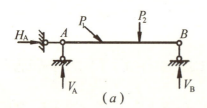

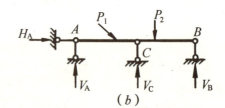

(a)   (b)

图 13 - 19

图 13 - 19a 所示的简支梁是无多余约束的几何不变体系。三根支座链杆对梁有三个支座反力。取梁 AB 为脱离体,可以建立三个相应的平衡方程$\sum X = 0$,$\sum Y = 0$ 和$\sum M = 0$,以确定三个支座反力,并进一步由截面法确定任一截面的内力。因此,简支梁是静定的。图 13 - 19b 所示的连续梁是有一个多余约束的几何不变体系。四个支座链杆有四个约束反力。但取梁 AB 为脱离体所建立的平衡方程式仍然只有三个。除其中的水平反力能由$\sum X = 0$确定外,其余三个竖向反力由两个平衡方程是无法确定的,更无法进一步计算内力了。所以连续梁是超静定的。

综上所述可见:无多余约束的几何不变体系是静定的,或者说静定结构的几何组成特征是几何不变且无多余约束。有多余约束的几何不变体系是超静定结构。因此,可以从结构的几何组成判定它是静定的还是超静定的。

本章小结

一、平面杆件体系的分类

$$
体系 \begin{cases} 几何不变 \begin{cases} 无多余约束——静定结构 \\ 有多余约束——超静定结构 \end{cases} \\ 几何可变 \begin{cases} 常变体系 \\ 瞬变体系 \end{cases} \end{cases}
$$

只有几何不变体系可作为结构。

二、几何不变体系的简单组成规则

1. 基本原理

平面杆件体系中的铰接三角形是几何不变体系。

2. 约束

工程中常见的约束及其性质如下：

(1)一个链杆相当于一个约束。

(2)一个(简)单铰或铰支座相当于两个约束。

(3)一个刚性连接或固定端相当于三个约束。

(4)连接两刚片的两根链杆的交点相当于一个铰。

3. 组成规则

凡符合以下各规则所组成的体系,都是几何不变体系,且无多余约束。

(1)不在一条直线上的两根链杆固定一个点。

(2)两个刚片用不全平行也不全交于一点的三根链杆连接。

(3)两个刚片用一个铰和不通过该铰的链杆连接。

(4)三个刚片用不在一条直线上的三个铰两两相连。

应用上述组成规则时,应特别注意必须满足各规则的限制条件。

三、分析几何组成的目的及应用

1. 保证结构的几何不变性,确保其承载能力。

2. 确定结构是静定的还是超静定的,从而选择确定反力和内力的相应计算方法。

3. 通过几何组成分析,明确结构的构成特点,从而选择受力分析的顺序。

思 考 题

13-1 什么是几何可变体系?它包括哪几种类型?分别举例说明几何可变体系为什么不能作为结构使用?

13-2 试用二元体规则推出两刚片规则和三刚片规则。几何不变体系的三条规则是遵循了一条什么基本原理?

13-3 什么是静定结构?什么是超静定结构?它们有什么共同点?其根本区别是什么?举例说明之。

13-4 为什么要对结构进行几何组成分析?

习 题

试对以下各图所示平面体系作几何组成分析,如果体系是几何不变的,确定有无多余约束,有多少多余约束。

13 – 1

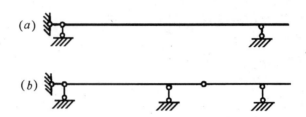

习题 13 – 1 图

13 – 2

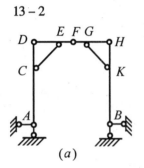
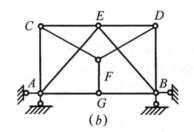
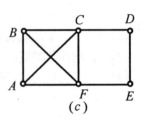

习题 13 – 2 图

13 – 3

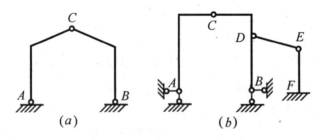

习题 13 – 3 图

13 – 4

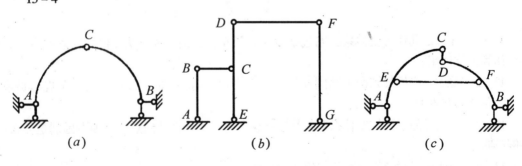

习题 13 – 4 图

第十四章　静定结构的受力分析

第一节　多跨静定梁

单跨梁多使用于跨度不大的情况,如门窗的过梁、楼板、屋面大梁、吊车梁等。将若干根单跨梁彼此用铰相连,就形成了多跨静定梁。多跨静定梁是使用短梁跨过大跨度的一种较合理的结构型式。图 14-1a 所示为一木檩条的结构图。在檩条(短梁)的接头处采用斜搭接并以螺栓连接,这种接头可视为铰结点。其计算简图如图 14-1b 所示。通过图 14-1c 可清楚地看到梁各部分之间的依存关系和力的传递层次。因此,把它称为梁的层次图。

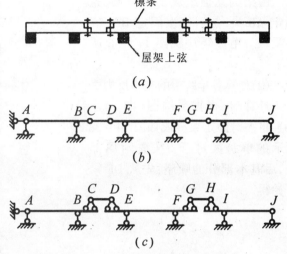

图 14-1

由图 14-1c 可见,多跨梁的 AB 部分,由三根不完全平行亦不相交于同一点的支座链杆与基础相连,构成几何不变体系,称为基本部分;对于多跨梁的 EF 和 IJ 部分,因它们在竖向荷载作用下,也可以独立地维持平衡故在竖向荷载作用下,也可将它们当作基本部分;而短梁 CD、GH 两部分是支承在基本部分上,需依靠基本部分才能维持其几何不变性,故称为附属部分。

常见的多跨静定梁,除图 14-1b 所示的形式外,还有图 14-2a、c 所示两种形式,它们的层次图分别如图 14-2b、d 所示。图 14-2a 所示的多跨静定梁,除左边第一跨为基本部

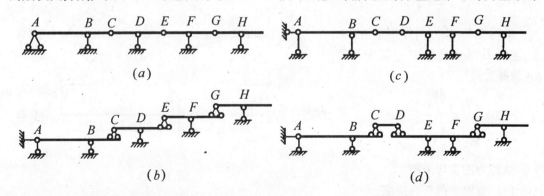

图 14-2

分外,其余各跨均分别为其左边部分的附属部分。

图 14-2c 所示的多跨静定梁是由前两种方式混合组成的。

由多跨静定梁基本部分与附属部分力的传递关系可知,基本部分的荷载作用不影响附属部分;而附属部分的荷载作用则一定通过支座传至基本部分。因此,多跨静定梁的计算顺序是:先计算附属部分,然后把求出的附属部分的约束反力,反向加到基本部分上,当成基本部分的荷载,再进行基本部分的计算。可见,只要先分析出多跨静定梁的层次图,把多跨梁拆成为多个单跨梁,分别分析计算,而后将各单跨梁的内力图连在一起,便可得到多跨梁的内力图。

例 14 - 1 试作图 14 - 3a 所示多跨静定梁的内力图。

[解]:(1)绘层次图

由梁的几何组成次序可见,先固定 AB 梁,然后依次固定 BD、DF 各梁段。由此得层次图 14 - 3b 所示。

(2)计算各单跨梁的支座反力

计算时,根据层次图(图 14 - 3b),将多跨静定梁拆成如图 14 - 3c 所示的单跨梁进行。按先附属部分,后基本部分的顺序,先从 DF 梁开始得

$$V_D = \frac{P}{2}(\downarrow)$$

$$V_E = \frac{3P}{2}(\uparrow)$$

然后将 V_D 反方向作用于 BD 梁上得

$$V_B = \frac{P}{4}(\uparrow)$$

$$V_c = \frac{3P}{4}(\downarrow)$$

最后将 V_B 反方向作用于 AB 梁上,连同 B 结点荷载 P 一起来计算 AB 悬臂梁得

$$V_A = \frac{5P}{4}(\uparrow)$$

$$M_A = \frac{5}{4}Pa(\circlearrowleft)$$

画剪力图和弯矩图

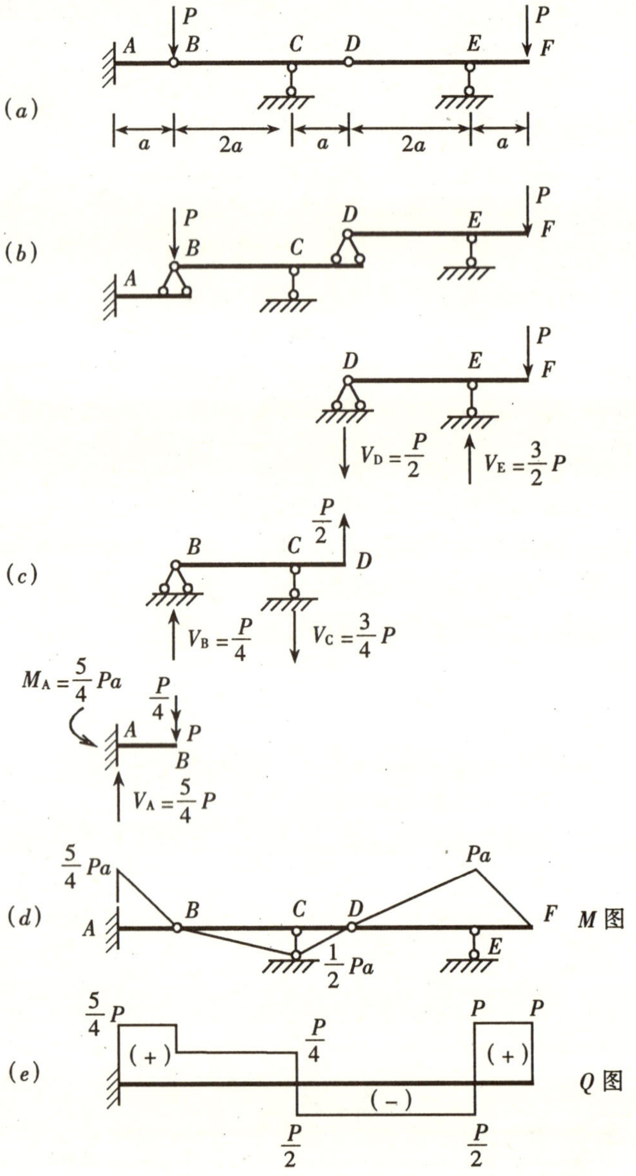

(3) 画剪力图和弯矩图

根据各梁的荷载及反力情况,分段画出各梁 弯矩图和剪力图,连成一体,即得多跨静定梁的弯矩图和剪力图,如图 14 - 3d、e 所示。

图 14 - 3

· 22 ·

第二节　静定平面刚架

一、刚架的特点及分类

由直杆组成具有刚结点的结构称刚架,它是几何不变化系。当组成刚架的各杆和外力都在同一平面内时,称为平面刚架。

图 14-4 为一平面刚架,其结点 B 和 C 是刚结点。刚结点的特性是在荷载作用下,汇交于同一结点上各杆之间的夹角在结构变形前后保持不变,图 14-4 中 B、C 两结点,变形前汇交于两结点的各杆相互垂直,变形后仍应相互垂直。因此,刚结点可承受弯矩、轴力和剪力。

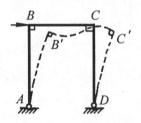

图 14-4

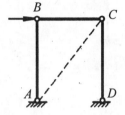

图 14-5

把图 14-4 刚架中的刚结点改为铰结点,如图 14-5 所示,则是几何可变体系。要使它成为几何不变体系刚需增加图中虚线所示的 AC 杆。可见,刚架依靠刚结点可用较少的杆件便能保持其几何不变性,而且内部空间大,便于利用。

图 14-6 为一支承在立柱上的简支梁,图 14-7 为与图 14-6 所示梁柱体系同高、同跨

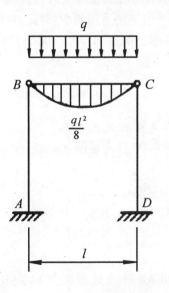

图 14-6　梁柱体系

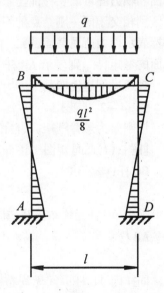

图 14-7　刚架

度的刚架,当承受同样荷载时,其弯矩图差别较大。由于刚架结点能承担弯矩,致使横梁跨中弯矩的峰值较梁柱体系的小且分布均匀。通常刚架各杆均为直杆,制做加工也亦较方便。

因此,刚架在工程中得到广泛的应用。

凡由静力平衡条件可确定全部反力和内力的平面刚架,称为静定平面刚架。

静定平面刚架常用的型式有:

(1)悬臂刚架(图 14-8a),常用于火车站站台、雨棚等。

(2)简支刚架(图 14-8b),常用于起重机的钢支架及渡槽横向计算所取的简图等;

(3)三铰刚架(图 14-8c),常用于小型厂房、仓库、食堂等结构。

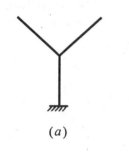 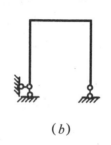 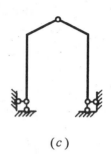

(a) (b) (c)

图 14-8

二、刚架的内力分析

刚架中的杆件多为梁式杆,杆截面内同时存在弯矩、剪力和轴力。刚架的内力计算方法与梁完全相同。只需将刚架的每根杆看作是梁,逐杆用截面法计算控制截面的内力,便可作出内力图。在土建工程中,绘制内力图时,常将弯矩图画在杆件的受拉一侧,不注正、负号。剪力以使所在杆段产生顺时针转动效果为正,反之为负;轴力仍以拉力为正、压力为负。剪力图和轴力图可画在杆件任意一边,但需注明正、负号。为了明确表示各截面内力,特别为了区别相交于同一刚结点的不同杆端截面的内力,在内力符号右下角采用两个脚标,第一个脚标表示内力所属截面,第二个脚标是该截面所在杆的另一端。例如 M_{AB} 表示 AB 杆 A 端截面的弯矩,M_{BA} 则表示 AB 杆 B 端截面的弯矩。

现通过例题说明刚架内力图的绘制步骤。

例 14-2 作图 14-9a 所示刚架的内力图。

该刚架为悬臂刚架,从自由端开始逐杆计算内力,可不求 A 端的支座反力。

[解]:(1)画弯矩图 逐杆分段用截面法计算各控制截面弯矩,作弯矩图。

BC 杆: $M_{CB} = 0$

$M_{BC} = Pa$(上侧受拉)

因为 BC 杆无均布荷载,其弯矩图为斜直线,可画出 BC 杆 M 图如图 14-9b 所示。

AB 杆: $M_{BA} = Pa$(左侧受拉)

$M_{AB} = Pa$(左侧受拉)

同样因 AB 杆中间无均布荷载,其弯矩图为直线,可画出 AB 杆的 M 图如图 14-9b 所示。

(2)画剪力图 逐杆分段用截面法计算各控制截面剪力,作剪力图。

BC 杆: $Q_{BC} = P$

因为 BC 杆中间无均布荷载,所以在 BC 段剪力是常数,剪力图是平行于 BC 的直线如图

14-9c 所示。

AB 杆: $Q_{BA} = 0$

因为 AB 杆中间无均布荷载,可见全杆剪力均为零。

(3)画轴力图 画出剪力图后,可取结点 B 为脱离体画受力图如图 14-9e,用投影方程可求得各杆轴力。

由 $\sum X = 0$ 得 $N_{BC} = Q_{BA} = 0$

由 $\sum Y = 0$ 得 $N_{BA} = -Q_{BC} = -P$

因为 BC 杆、BA 杆中间均无均布荷载,各杆轴力均为常量,可画轴力图如图 14-9d 所示。

(4)校核 由于 B 结点的平衡条件已经用计算杆端轴力,不可再用以校核。现取 AB 杆为脱离体画受力图如图 14-9f,由图可见,$\sum X = 0$,$\sum Y = 0$,$\sum M = 0$,说明计算无误。

校核时画脱离体的受力图应注意:①必须包括作用在此脱离体上的所有外力,以及计算所得的内力 M、Q 和 N;②图中的 M、Q、N 都应按已求得的实际方向画出并不再加注正负号。

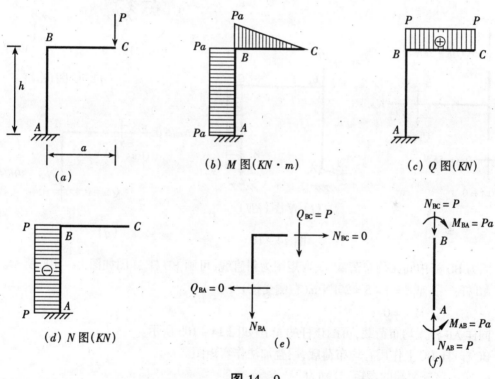

图 14-9

例 14-3 作图 14-10a 所示简支刚架的内力图。

[解]:(1)求支座反力 取整个刚架为脱离体

由 $\sum M_A = 0, 5V_E - 5 \times 5 - 2 \times 5 \times \frac{5}{2} = 0$ $V_E = 10kN(\uparrow)$

由 $\sum Y = 0, V_E + V_A - q \times 5 = 0,$ $V_A = 0$

由 $\sum X = 0, 5 - H_A = 0,$ $H_A = 5kN(\leftarrow)$

(2)画弯矩图 逐杆分段,用截面法计算各控制截面弯矩,然后应用叠加法作弯矩图。

BD 杆: $M_{BD} = 5kN \cdot m(左侧受拉)$

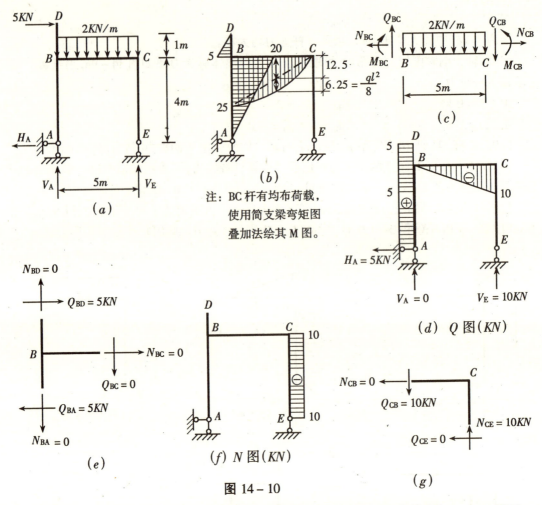

图 14-10

因为 BD 杆中间无均布荷载,其弯矩图为斜直线,可画 BD 杆 M 图如图 14-10b 所示。

AB 杆: $M_{BA} = 4 \times 5 = 20\text{kN·m}$(右侧受拉)

         $M_{AB} = 0$

同样 AB 杆无均布荷载,可画该杆的 M 图如图 14-10b 所示。

BC 杆:杆 BC 上作用有均布荷载,用叠加法作弯矩图。

a. 求出该杆两端的弯矩,分别为

     $M_{BC} = 25\text{kN·m}$(下侧受拉)

     $M_{CB} = 0$

b. 将以上求得的 BC 杆两端弯矩值画出并连以直线,再以此直线为基线叠加相应简支梁在均布荷载作用下的弯矩图即可,如图 14-10b。

(3)画剪力图　根据杆端弯矩值和荷载画所计算杆段的受力图,然后利用微分关系或平衡条件可求得剪力。亦可根据反力和荷载用截面法求得剪力。逐杆分述如下:

BC 杆:取 BC 杆为脱离体画受力图如图 14-10c,用平衡条件求剪力:

由 $\sum M_B = 0$

$$Q_{CB} = -\frac{25}{5} - \frac{1}{5}\left(\frac{1}{2} \times 2 \times 5^2\right) = -10\text{kN}$$

由 $\sum Y = 0$ 得

$$Q_{BC} - 2 \times 5 + Q_{CB} = 0$$

$$Q_{BC} = 2 \times 5 - 10 = 0$$

BC 杆受均布荷载作用，剪力图应为斜直线，可画 BC 杆剪力图如图 14 - 10d。

BD 杆：用截面法可求得

$$Q_{BD} = 5\text{kN}$$

因为 BD 杆中间无均布荷载作用，剪力为常数，剪力图为平行于 BD 的直线如图 14 - 10d。

BA 杆：用截面法可求得

$$Q_{BA} = 5\text{kN}$$

同样 BA 杆中间无荷载，可画得剪力图如图 14 - 10d。

CE 杆：

由于 V_E 通过 EC 杆杆轴，且无均布荷载，故全杆剪力为零。

（4）画轴力图　画出剪力图后可根据结点平衡由剪力求轴力，有些杆亦可根据反力和荷载直接求出轴力。如 BD、BC、BA 各杆轴力可取结点 B 画受力图如图 14 - 10e。由于 BD 杆为悬臂部分，其 $N_{BD} = 0$，于是

由 $\sum X = 0$ 得　　　　　　　　$N_{BC} = 0$

由 $\sum Y = 0$ 得　　　　　　　　$N_{BA} = 0$

因为 BD、BC、BA 各杆均无沿轴向荷载，故各杆轴力都为零。EC 杆的轴力应等于 E 支座反力 V_E 即

$$N_{EC} = V_E = -10\text{kN（压）}$$

根据以上数据，可画轴力图如图 14 - 10f。

（5）校核　取结点 C 画受力图如图 14 - 10g 所示，均满足平衡条件。

例 14 - 4　作图 14 - 11a 所示三铰刚架的内力图。

[解]：（1）求支座反力

考虑整体平衡，由 $\sum M_B = 0$

$$V_A = \frac{1}{6}(20 \times 6 \times 3) = 60\text{kN}　　　（\downarrow）$$

由 $\sum Y = 0$

$$V_B = V_A = 60\text{kN　（\uparrow）}$$

取 CB 部分为分离体，由 $\sum M_C = 0$，得

$$-6H_B + 60 \times 3 = 0　　　　H_B = 30\text{kN（\leftarrow）}$$

由 $\sum X = 0$

$$H_A = 20 \times 6 - H_B = 90\text{kN（\leftarrow）}$$

（2）画弯矩图

AD 杆：

a. 求出该杆两端弯矩，分别为

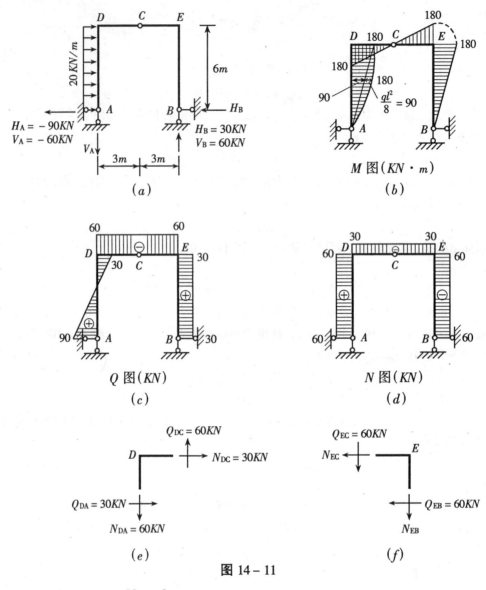

图 14 – 11

$$M_{AD} = 0$$

$$M_{DA} = 90 \times 6 - 20 \times 6 \times 3 = 180 kN \cdot m \text{（内侧受拉）}$$

b. 以 M_{AD} 和 M_{DA} 的连线为基线叠加简支梁在均布荷载作用下的弯矩值，即得 AD 杆的弯矩图，其中点弯矩值

$$M_{AD中} = \frac{1}{2}(180 + 0) + \frac{1}{8} \times 20 \times 6^2 \times = 180 kN \cdot m$$

最终弯矩图如图 14 – 11b 所示。

DC 杆：由 D 结点弯矩平衡得

$$M_{DC} = 180 kN \cdot m \text{（下侧受拉）}$$

C 铰处无弯矩

$$M_{CD} = 0$$

DC 杆无均布荷载作用，弯矩图应为斜直线。

CE 杆：CE 杆无均布荷载作用，其剪力应与 DC 段相同，根据 $\dfrac{dM}{dx} = Q$ 可知，CE 杆弯矩图与 CD 杆弯矩图斜率相同。故 CE 杆的弯矩图是 CD 杆弯矩图的延长线。

BE 杆：由 E 结点的弯矩平衡得

$$M_{EB} = 180 \text{kN·m （外侧受拉）}$$

B 是铰结点无弯矩

$$M_{BE} = 0$$

BE 杆无均布荷载，该段弯矩亦为斜线。

根据以上各杆端弯矩和杆段荷载情况，画出弯矩图如图 14 – 11b 所示。

（3）画剪力图

AD 杆：用截面法求得杆端剪力分别为

$$Q_{AD} = 90 \text{KN}$$

$$Q_{DA} = 90 - 20 \times 6 = -30 \text{kN}$$

AD 杆受有均布荷载作用，剪力图应为斜线。

DC 杆：用截面法求得

$$Q_{DC} = -60 \text{kN}$$

DC 杆无均布荷载，剪力应为常数。

CE 杆：CE 杆无均布荷载作用，其剪力等于 DC 杆剪力。

BE 杆：用截面法求得

$$Q_{BE} = 30 \text{kN}$$

该杆无均布荷载作用，剪力为常数。

根据各杆端剪力及各杆段承受荷载情况，画出剪力图如图 14 – 11c 所示。

（4）画轴力图

a. 画 D 结点受力图如图 14 – 11e（为清晰起见，未画弯矩，下同）求 N_{DA} 与 N_{DC}

由 $\sum X = 0$ 得 $N_{DC} = 30 \text{kN （压）}$

由 $\sum Y = 0$ 得 $N_{DA} = 60 \text{kN （拉）}$

AD、DC 杆均无沿轴向荷载，轴力均为常数，轴力图为平行于基线的直线。

b. 画 E 结点受力图如图 5 – 11f，求 N_{EC} 和 N_{EB}

由 $\sum X = 0$ 得 $N_{EC} = -30 \text{kN （压）}$

由 $\sum Y = 0$ 得 $N_{EB} = -60 \text{kN （压）}$

EC、EB 杆均无沿轴向荷载，轴力亦为常数，轴力图为平行于基线的直线。

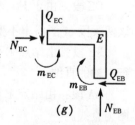

(g)

根据杆端轴力及荷载情况，画出轴力图如图 14 – 11d 所示。

剪力图和轴力图均需标明正，负号。

（5）校核内力图正确性

（ⅰ）截取刚结点 E 为脱离体，其受力图为（g）示

（2）$\because \sum M_E = M_{EC} - M_{EB} = 180 - 180 = 0$，$\therefore$M 图正确。

$\because \sum x = N_{EC} - Q_{EB} = 30 - 30 = 0$ 及 $\sum y = N_{EB} - Q_{EC} = 60 - 60 = 0$，$\therefore$ Q 图，N 图正确。

静定刚架的内力计算，是重要的基本内容，它不仅是静定刚架强度计算的依据，而且是分析超静定刚架和位移计算的基础。尤其弯矩图的绘制以后将用得很多。绘制弯矩图时应注意：

1. 刚结点处力矩应平衡；

2. 铰结点处弯矩必为零；

3. 无均布荷载的区段弯矩图为直线；

4. 有均布荷载的区段，弯矩图为曲线，曲线的凸向与均布荷载的指向一致；

5. 利用弯矩、剪力与荷载之间的微分关系；

6. 运用叠加法。

如能熟练地应用上述几条注意事项，可以在不求或只求个别支座反力情况下，迅速绘出弯矩图。

例 14 - 5　作图 14 - 12a 所示刚架的弯矩图。

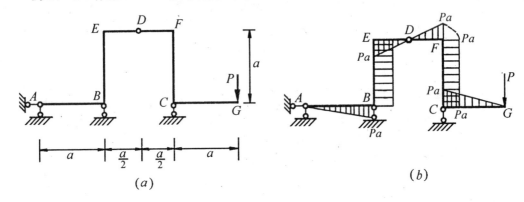

(a) (b)

图 14 - 12

[解]：各杆段杆端弯矩可很快求得：

CG 段：该段为悬臂段，求得 $M_{CG} = Pa$（上拉），$M_{GC} = 0$。无荷区，弯矩图如图 14 - 12b。

CF 段：由刚结点 C 弯矩平衡，得 $M_{CF} = M_{CG} = Pa$（右拉）。又由于 P 平行于 CF 杆轴，使 CF 杆各截面弯矩为常数，可画弯矩图如图 14 - 12b。

FD 段：由结点 F 弯矩平衡得 $M_{FD} = M_{FC} = Pa$（上拉）；且铰 D 处弯矩为零。DF 为无均布荷载区段，弯矩图为直线。

DE 段：由于 FD、DE 梁段均无均布荷载，在该两段剪力为常数，由于 $\dfrac{dM}{dx} = Q$，可见该两梁段 M 图斜率不变，故弯矩图为 FD 段的延长，为一直线，据此例得 $M_{ED} = M_{FD} = Pa$。

EB 段：由结点 E 弯矩平衡得 $M_{EB} = Pa$（右拉），且在 BE 段 M 为常数，弯矩图为一平行杆轴的直线。

BA 段：由结点 B 弯矩平衡得 $M_{BA} = Pa$（下拉），A 铰处 M 为零。无均布荷区段，弯矩图为直线。

整个刚架的弯矩图如图 14 - 12b 所示。

此题反复利用刚结点弯矩平衡条件和铰结点弯矩为零的条件，未求支座反力而直接画出了弯矩图。

例 14 - 6　作图 14 - 13a 所示刚架弯矩图，

[解]：刚架各杆段弯矩分别为：

DF 段：是悬臂梁部分，求得 $M_{DF} = Pa$（左拉），$M_{FD} = 0$。无荷区，可画弯矩图如图 14 - 13b。

BE 段：由整体平衡 $\sum X = 0$ 可得：$H_B = P$（←），于是可求得 $M_{EB} = Pa$（右拉），$M_{BE} = 0$，无荷区，弯矩为直线如图 14 - 13b 所示。

AD、CE 段：由于 A、C 支座分别通过杆 AD、CE 的轴线，支座反力对该杆各截面弯矩均为零，故该两杆无弯矩。

DE 段：由 D、E 两刚结点弯矩平衡，分别可求得 $M_{DE} = Pa$（下拉），$M_{EC} = Pa$（上拉）。无荷区，弯矩图为直线如图 14 - 13b 所示。

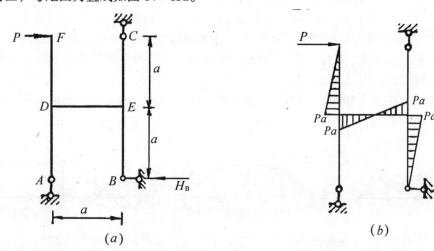

(a) $\qquad$ (b)

图 14 - 13

本题只计算了一个支座反力 H_B。

第三节　静定平面桁架

由若干直杆在两端用铰连接组成的结构称为桁架。如图 14 - 14 所示，杆件依其所在位置的不同，可分为弦杆和腹杆两类。弦杆又可分为上弦杆和下弦杆，腹杆又可分为竖杆和斜杆。弦杆上相邻两结点的区间称为节间，桁架最高点到两支座连线的距离称桁高。两支座之间的距离称跨度。

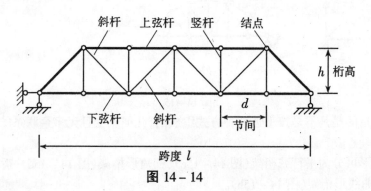

图 14 - 14

在平面桁架的计算中,通常引用下述假定:

1.所有结点都是无摩擦的理想铰;

2.所有杆轴都是在同一平面内的直线,且通过铰的中心。

3.荷载和支座反力都作用在结点上,且位于桁架所在的平面内。

符合上述假定所作的桁架计算简图,各杆均可用轴线表示,且各杆均为只受轴向力的二力杆。这种桁架称为理想桁架。理想桁架由于各杆只受轴力,应力分布均匀,材料可得到充分利用。因而与梁比较,桁架可用更少材料,跨越更大跨度。

实际的桁架与上述假定是有差别的。例如:组成桁架各杆的轴线不可能都是平直的;荷载也不一定作用在结点上;桁架结点往往是榫接,铆或焊接而不是无摩擦的铰接等。但理论计算和实际量测结果表明,在一般情况下,用理想桁架计算可以得到令人满意的结果。

按几何组成方式,静定平面桁架可为分:简单桁架、联合桁架和复杂桁架等几种。

简单桁架是由一个基本铰接三角形开始,逐次增加二元体所组成的几何不变且无多余联系的静定结构,如图 14－15a、b、c。

联合桁架是由几个简单桁架,按两刚片或三刚片所组成的几何不变且无多余联系的静定结构,如图 14－15d、e。

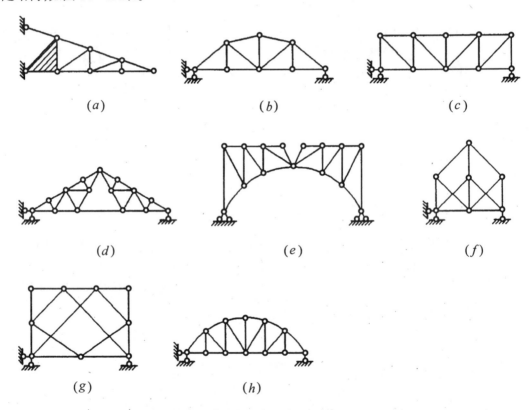

图 14－15

复杂桁架指的是凡不是按上述两种方式组成的,几何不变且无多余联系的静定结构,如图 14－15f、g。

按桁架外形可分为平行弦桁架(图 14－15c)、三角形桁架(图 14－15d)、折线形桁架(图 14－15b)以及曲线形桁架(图 14－15h)。

桁架内力分析的数解法,主要有结点法、截面法和联合法。

一、结点法

截取桁架的一个结点为脱离体计算杆件内力的方法称结点法。由于结点上的荷载、反力和杆件内力作用线都汇交于一点,组成了一个平面汇交力系。平面汇交力系可以建立两个平衡方程式$\sum X = 0$和$\sum Y = 0$,解算两个未知力。因此,应用结点法时,应从不多于两个未知力的结点开始,且在计算过程中应尽量使每次选取的计算结点,其未知力不超过两个。

用结点法计算桁架内力时,利用某些结点平衡的特殊情况,可使计算简化。常见的特殊情况有如下几种:

1. 由不共线的两杆构成的结点上无荷载作用时(图14－16a),则两杆内力均为零。

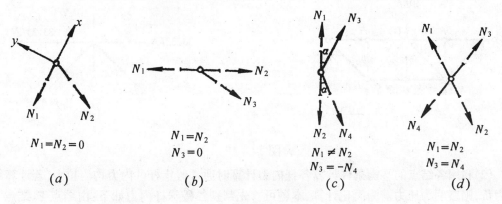

图 14－16

2. 由三杆构成的结点,有两杆共线,如结点上无荷载作用时,(图14－16b),则不共线的第三杆的内力必为零,共线的两杆内力相等,符号相同。

3. 由四根杆构成的K形结点,其中两杆共线,另两杆在此直线同侧且夹角相等加图14－16c,如结点上无荷载作用时,则非共线的两杆内力相等,符号相反。

4. 由四根杆构成的X形结点,各杆两两共线如图14－16d,如结点上无荷载作用时,则共线两杆内力相等,且符号相同。

以上各条均可由平衡方程证明。

桁架中内力为零的杆件称为零杆。

应用以上结点平衡的特殊情况可以判断出图14－17a、b所示桁架中,虚线所示各杆均为零杆,这样可以简化计算工作。

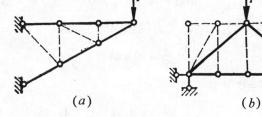

图 14－17

现举例说明结点法的应用。

例14－7 试用结点法求图14－18a所示桁架各杆的内力。

[解]:由于桁架和荷载都对称,只需计算半桁架各杆内力,另一半利用对称关系即可确定

(1)求支座反力

由于结构和荷载均对称,故

$$V_A = V_B = 25KN(\uparrow)$$

$$H_A = 0$$

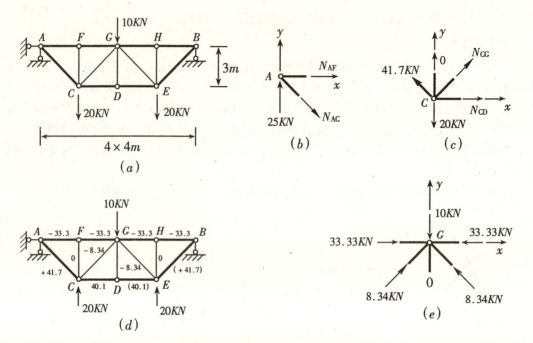

图 14 - 18

(2)利用各结点的平衡条件计算各杆内力计算时通常假定杆件内力均为拉力,若计算结果为负,则表明为压力。为简化计算,本题可首先判别各特殊杆内力如下:由结点 F、结点 H 和结点 D 可见,N_{CF}、N_{EH} 和 N_{DG} 均为零,且 $N_{AF} = N_{FG}$,$N_{HG} = N_{HB}$。因此只需计算结点 A 和结点 C,便可求得各杆内力。

取结点 A 为分离体,受力图如图 14 - 18b,由 $\sum Y = 0$ 得

$$-N_{AC} \times \frac{3}{5} + 25 = 0 \qquad N_{AC} = 41.7 \text{kN} \qquad (拉)$$

由 $\sum X = 0$ 得

$$N_{AF} + 41.7 \times \frac{4}{5} = 0 \qquad N_{AF} = -33.3 \text{kN} \qquad (压)$$

取结点 C 为分离体,受力图如图形 5 - 18c,由 $\sum Y = 0$ 得

$$N_{CG} \times \frac{3}{5} - 20 + 41.7 \times \frac{3}{5} = 0 \qquad N_{CG} = -8.34 \text{kN}(压)$$

由 $\sum X = 0$ 得

$$-8.34 \times \frac{4}{5} - 41.7 \times \frac{4}{5} + N_{CD} = 0$$

$$N_{CD} = 40.1 \text{kN}(拉)$$

(3)将计算结果写于图 14 - 18d 所示桁架上。(左半桁架各杆所注数字系计算成果,右半桁架各杆所注的数字系根据对称关系求得成果)

(4)校核 取结点 G 为分离体,受力图如图 14 - 18e,

$$\sum X = 8.34 \times \frac{4}{5} + 33.33 - 8.34 \times \frac{4}{5} - 33.33 = 0$$

$$\sum Y = 8.34 \times \frac{3}{5} + \frac{3}{5} \times 8.34 - 10 = 0$$

说明计算无误。

由以上可见,结点法适宜于计算桁架全部杆件的内力。

二、截面法

用一截面截取两个结点以上部分作为脱离体计算杆件内力的方法称截面法。此时,脱离体上的荷载,反力及杆件内力组成一个平面一般力系,可以建立三个平衡方程,解算三个未知力。为避免解联立方程,使用截面法时,脱离体上的未知力个数最好不多三个。

当只需计算桁架指定杆件内力时,用截面法比较方便。

现举例如下说明截面法的应用。

例 14-8 试用截面法求图 14-19a 所示桁架中 a、b、c 各杆的内力 N_a、N_b、N_c。

[解]:(1)求支座反力

由于对称,故

$$V_A = V_B = 20KN(\uparrow)$$

$$H_A = 0$$

(2)求内力

作截面 I-I 切断 a、b、c 三杆,取 I-I 以左部分为脱离体,画受力图如图 14-19b。

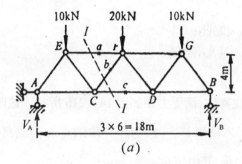
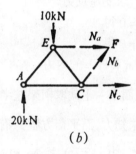

(a)　　　　　　　　　(b)

图 14-19

由 $\sum M_C = 0$

$$N_a \times 4 + 20 \times 6 - 10 \times 3 = 0$$

$$N_a = -22.5KN(压)$$

由 $\sum M_F = 0$

$$N_c \times 4 + 10 \times 6 - 20 \times 9 = 0$$

$$N_c = 30KN(拉)$$

由 $\sum X = 0$

$$N_b \frac{3}{5} + 30 - 22.5 = 0$$

$$N_b = -12.5KN(压)$$

(3)校核

利用图 14-19b 中未曾用过的力矩方程 $\sum M_E = 0$ 进行校核

$$\sum M_E = 20 \times 3 + 12.5 \times \frac{3}{5} \times 4 + 12.5 \times \frac{4}{5} \times 3 - 30 \times 4 = 0$$

计算无误。

三、截面法与结点法的联合应用

结点法和截面法是计算桁架内力的两种常用方法,对于简单桁架来说,无论用哪一种方法计算都很方便。对于某些复杂桁架,需要联合使用结点法和截面法才能求出杆件内力。例如图14-20所示一工程结构中常用的联合桁架(称芬克式屋架)。如果用结点法计算各杆内力,则由图可见,除1、2、3、13、14、15各结点外,其余结点的未知力均超过三个,不能解出。为此,宜先用

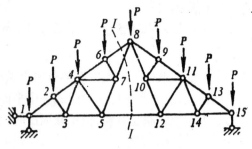

图 14-20

截面 I-I 求出连接杆件 5-12 的内力。则其它杆件的内力便可用结点法逐次求出。

另外,在某些情况下只需计算少数指定杆件的内力时,联合使用结点法与截面法较为方便。例如图14-21a所示简单桁架,用结点法可算出全部杆件的内力。但若只求 a、b 两杆内力,单用结点法工作量太大,单用截面法又不能一次解出,联合使用截面法和结点法可以较为简便地解决。具体计算如下:

例 14-9 求桁架指定截面的内力 N_a, N_b。

[解]: (1)求支座反力

由 $\sum M_B = 0$ 得 $\qquad\qquad V_A = 20kN(\uparrow)$

由 $\sum M_A = 0$ 得 $\qquad\qquad V_B = 40kN(\uparrow)$

(2)求杆 a 和杆 b 的内力

(1)以截面 I-I 截取桁架左半部为脱离体,画受力图如图 14-21b 所示。这时脱离体上共有四个未知力,而平衡方程只有三个,不能解算。(2)为此再取结点 E 为脱离体,画受力图(如图 14-21c 所示),找 N_a 和 N_b 的关系,其中 $sin\alpha = \frac{4}{5}$, $cos\alpha = \frac{3}{5}$。

$$由 \quad \sum X = N_a \times \frac{4}{5} + N_c \times \frac{4}{5} = 0$$

$$N_a = -N_c$$

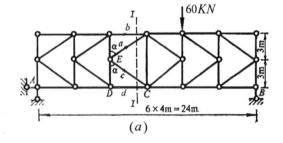

$$6 \times 4m = 24m$$

$$(a)$$

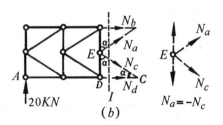

$$N_a = -N_c$$

$$(b)$$

图 14-21

再利用由 I-I 截面之左部分桁架的平衡

$$由 \quad \sum Y = 20 - N_c \times \frac{3}{5} + N_a \times \frac{3}{5} = 0$$

得 $$\qquad\qquad 20 + 2 \times \frac{3}{5} N_a = 0$$

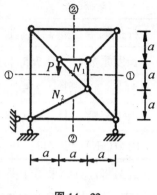

$$Na = -\frac{5 \times 20}{2 \times 3} = -16.7KN(压)$$

然后,由$\sum M_c = 0$,得

$$-V_A \times 12 - N_b \times 6 - Na\,sin\alpha \times 3 - Na\,cos\alpha \times 4 = 0$$

得 $\qquad\qquad N_b = -26.7kN(压)$

对于具体问题,选择合适的截面,可以简捷地求得欲求杆件的内力。例如欲求图 14 - 22 桁架指定杆的内力 N_1、N_2。当求得支座反力后,可先用①－①截面取上部为脱离体,这时虽然截断四根杆,但其中有三根为彼此平行的竖杆,其内力在 x 轴的投影均为零,因此可利用$\sum X = 0$求得 $N_1 = 0$,然后再用②－②截面取右半部为脱离体,用$\sum Y = 0$便可求得 N_2。

图 14 - 22

四、表解法

用结点法和截面法计算桁架内力,都要进行繁杂的计算,为了减少计算工作,在一些静力计算手册中(如《建筑结构静力计算手册》,中国工业出版社出版),对于常用的几种标准型式的桁架的内力,制成计算表格。表中有桁架各杆的长度系数和内力系数。根据桁架型式,桁架坡度 n 及荷载情况求得。其桁架坡度用桁架跨度与高度之比表示,即 $n = \frac{1}{h}$。为使用方便,节选部分图于附录 B I、II、III、IV、V 中。现举例说明。

例 14 - 10 求图 14 - 23a 所示屋桁架的内力。

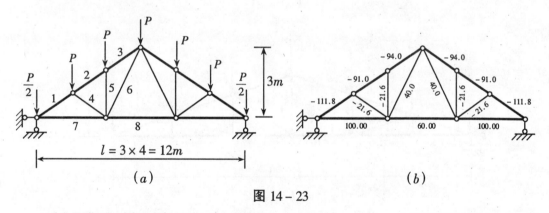

(a) $\qquad\qquad\qquad$ (b)

图 14 - 23

已知:屋架节间为 6,跨度 l = 12m,高度 h = 3m,荷载 P = 20kN。屋架外形特征:①上弦节间等长;②杆件 1 - 7 与 3 - 6 间夹角相等。

[解]:(1)计算屋架坡度

$$n = \frac{1}{h} = \frac{12}{3} = 4$$

(2)根据屋架形式,节间为 6,选附录 BIV。

(3)由附录 BIV查得杆件长度系数及内力系数,计算各杆杆长及各杆内力

杆件长度 = 表中系数×h = 表中系数×3m

杆件内力 = 表中系数×P = 表中系数×20kN

杆件编号	1	2	3	4	5	6	7	8
长度系数	0.745	0.745	0.745	0.672	0.672	1.250	1.250	1.500
杆长(m)	2.235	2.235	2.235	2.016	2.016	3.750	3.750	4.500
内力系数	－5.59	－4.55	－4.70	－1.08	－1.08	2.00	5.00	3.00
内力(kN)	－111.8	－91.00	－94.00	－21.60	－21.60	40.00	100.00	60.00

(3)将计算结果写于图 14－23b。

五、几种桁架受力性能的比较

桁架类型较多,桁架外形对于杆件内力的大小和性质有较大的影响。现取工程中常用的

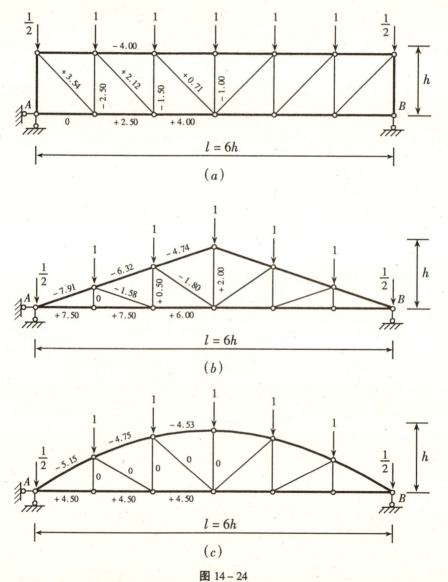

图 14－24

平行弦、三角形和抛物线形三种桁架,以相同跨度、相同高度、相同节间及相同荷载作用下的内力分布(图 14－24a、b、c)加以分析比较。

平行弦桁架的内力分布很不均匀。上弦杆和下弦杆内力值均是靠支座处小,向跨度中间增大。腹杆则是靠近支座处内力大,向跨中逐渐减小。如果按各杆内力大小选择截面,弦杆截面沿跨度方向必须随之改变,这样结点的构造处理较为复杂。如果各杆采用相同截面,则靠近支座处弦杆材料性能不能充分利用,造成浪费。其优点是结点构造划一,腹杆可标准化,因此,可在轻型桁架中应用。

三角形桁架的内力亦很不均匀,端弦杆内力很大,向跨中减小较快。且端结点处上、下弦杆的夹角小,构造较复杂。由于三角形屋架的上弦斜坡外形符合屋顶构造要求,适宜于较小跨度屋盖结构采用。

抛物线形桁架上、下弦杆内力分布均匀。当荷载作用在上弦杆结点时,腹杆内力为零;当荷载作用在下弦杆结点时,腹杆中的斜杆内力为零,竖杆内力等于结点荷载,是一种受力性能较好,较理想的结构形式。但上弦的弯折较多,构造复杂,结点处理较为困难。因此,工程中多采用的是如图 14－24c 所示的外形接近抛物线形的折线形桁架,且只在跨度为 18 米至 30 米的大跨度屋盖中采用。

第四节 三 铰 拱

轴线为曲线,在竖向荷载作用下支座处有水平反力的结构称为拱。两个曲杆刚片与基础由三个不共线的铰两两相连,组成的静定结构称三铰拱。

常用的三铰拱有图 14－25a、b 两种形式。分别为无拉杆的三铰拱(图 14－25a)和带拉

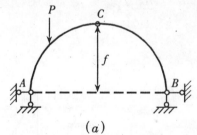
(a)

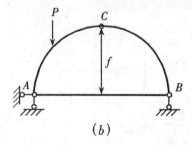
(b)

图 14－25

杆的三铰拱(图 14－25b)。无拉杆的三铰拱,在竖向荷载作用下,支座有水平反力,也叫推力。有推力是拱的基本特点。对于有拉杆的三铰拱,支座的推力由拉杆拉力平衡。

三铰拱各截面形心连线称拱轴线;常用的三铰拱多是对称形式,如图 14－26 所示,拱的最高点称为拱顶;两端支座处称拱趾;两拱趾连线称为起拱线;两拱趾间的距离称拱的跨度 l;起拱线至拱顶中离称拱高 f;拱高 f 与跨度 l 之比称拱的高跨比。高

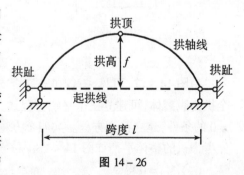
图 14－26

跨比是拱的一个重要参数,工程中常用的拱结构,其高跨比一般为: $\frac{f}{l} = 1/2 \sim 1/8$。

一、三铰拱的反力和内力

现以图 14-27a 所示在竖向荷载作用下的三铰拱为例,说明三铰拱支座反力和任意截面内力的计算方法。

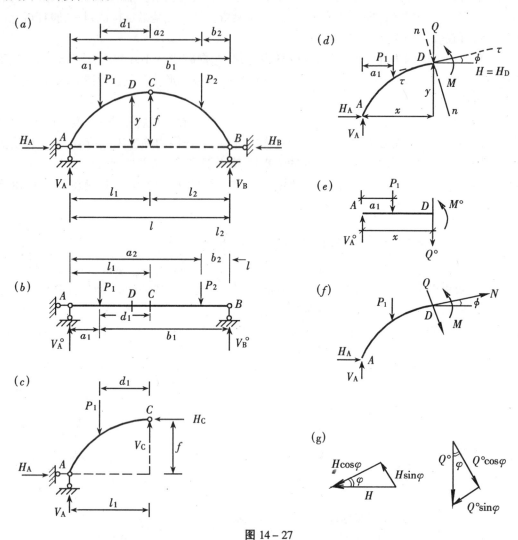

图 14-27

(一)支座反力的计算

由图 14-27a 可见,三铰拱有四个支座反力 V_A、H_A、V_B、H_B,需要四个方程才能计算。以全拱为脱离体,可建立三个平衡方程式,然后取左半拱(或右半拱)为脱离体,以铰 C 处 $\sum M_C = 0$ 的条件,建立补充方程。共四个方程刚好求解四个支座反力。可见三铰拱是静定结构,先考虑拱的整体平衡如图 14-27a。

由 $\sum M_B = 0$ 得

$$V_A = \frac{1}{l}(P_1 b_1 + P_2 b_2) \tag{a}$$

由 $\sum M_A = 0$ 得

$$V_B = \frac{1}{l}(P_1 a_1 + P_2 a_2) \tag{b}$$

由 $\sum X = 0$ 得

$$H_A = H_B = H \tag{c}$$

然后,取左半拱为脱离体,画受力图如图 5-27c,由 $\sum M_C = 0$ 得

$$H = \frac{1}{f}(V_A l_1 - P_1 d_1) \tag{d}$$

为了便于比较,取与三铰拱同跨度,同荷载的简支梁(即三铰拱的相应简支梁)如图 14-27b,由平衡条件可得简支梁的支座反力及 C 截面弯矩分别为

$$V_A^0 = \frac{1}{l}(P_1 b_1 + P_2 b_2) \tag{e}$$

$$V_B^0 = \frac{1}{l}(P_1 a_1 + P_2 a_2) \tag{f}$$

$$M_C^0 = V_A l_1 - P_1 d_1 \tag{g}$$

比较(a)与(e)、(b)与(f)及(d)与(g)可见:

$$V_A = V_A^0 \tag{14-1}$$

$$V_B = V_B^0 \tag{14-2}$$

$$H = \frac{M_C^0}{f} \tag{14-3}$$

由式(14-1)、(14-2)可知,拱的竖向反力和简支梁的支座反力相同。由式(14-3)可知,拱的推力 H 等于相应简支梁截面 C 的弯矩 M_C^0 除以拱高 f,且水平推力 H 与拱高 f 成反比,拱愈高,f 愈大时,水平推力愈小,反之拱愈平坦,f 愈小时,水平推力 H 则愈大。当 f = 0 时,$H = \infty$,这时三铰拱的三个铰在同一直线上,拱已成瞬变体系。

(二)任意截面内力的计算

为了计算三铰拱任意截面 D 的内力,首先取三铰拱 D 截面以左部分为脱离体画受力图如图 14-27d,其相应简支梁段的受力图如图 14-27e。由相应简支梁受力图可见,D 截面内力。

$$Q^0 = V_A^0 - P_1$$

$$M^0 = V_A^0 \cdot x - P_1(x - a_1) \tag{i}$$

在三铰拱受力图上,由 $\sum X = 0$ 得:D 截面水平力等于 H,由 $\sum Y = 0$ 得:D 截面竖向力等于相应梁 D 截面的剪力 Q^0,由 $\sum M_D = 0$ 得

$$M = V_A \cdot x - P_1(x - a_1) - H \cdot y \tag{j}$$

比较(i)与(j)可见

$$M = M^0 - H \cdot y \tag{14-4}$$

D 截面剪力 Q 应与截面 D 处拱轴垂直,轴力 N 应与拱轴平行,如受力图如图 14-27f 所示。其中:剪力以使脱离体顺时针转动为正;因拱常受压力,规定轴力以压为正;弯矩以使内侧受拉为正。取 φ 表示截面 D 处拱轴线切线与水平线的夹角,若截面在拱的左半部,φ 取正号;在拱的右半部时,φ 取负号;将图 14-27d 中,D 截面的竖向力 Q^0 和水平力 H,分别向剪力 Q 和轴力 N 方向分解如图 14-27g 所示,于是

$$Q = Q^0 cos\varphi - Hsin\varphi \qquad (14-5)$$

$$N = Q^0 sin\varphi + Hcos\varphi \qquad (14-6)$$

式(14-4)、(14-5)、(14-6)是三铰拱任意截面内力的计算公式,由于拱轴是曲线,φ将随截面不同而改变。但是,当拱轴曲线方程 $y = f(x)$ 为已知时,可以利用 $tg\varphi = \dfrac{dy}{dx}$ 确定各截面的 φ 值。

(三)内力图的绘制

现以例14-10说明三铰拱内力图的作图步骤。

例 14-10 试作图 14-28a 所示三铰拱的内力图。拱轴为二次抛物线,当坐标原点选在左支座 A 时,拱轴方程式为

$$y = \frac{4f}{l^2}(1-x)x$$

[解]:(1)求支座反力

由式(14-1)、(14-2)、(14-3)可得 $V_A = V_A^0$

$= \dfrac{1}{16} \times (20 \times 8 \times 4 + 200 \times 12) = 190kN \qquad (\uparrow)$

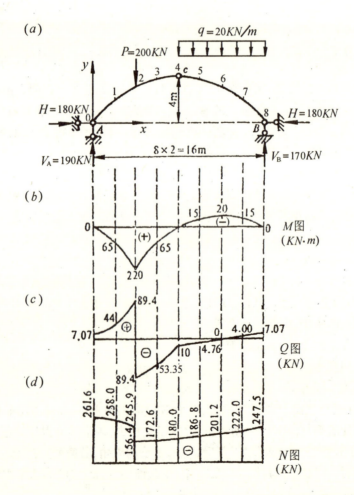

图 14-28

$$V_B = V_B^0$$

$$= \frac{1}{16} \times (20 \times 8 \times 12 + 200 \times 4) = 170kN \quad (\uparrow)$$

$$H = \frac{M_C^0}{f} = \frac{1}{4}(170 \times 8 - 20 \times 8 \times 4) = 180kN \quad (\rightarrow\leftarrow)$$

(2)确定控制截面

将拱沿水平(跨度)方向分成 8 等分,各等分点所对应的拱截面作为控制截面,如图 14－28a 所示 0、1、2、3、4、5、6、7、8 各截面。分别计算出各控制截面的内力值,描点连线,便得到各内力图。

(3)计算控制截面的几何参数并将计算所得数据列入表 14－2 的相应栏中。现以截面 1 为例计算各具体数据。

a. 控制截面纵坐标 y

各控制截面的 x 坐标已知,见表 14－2,分别代入拱轴方程,可得各控制截面的纵坐标。当 l = 16m,f = 4m 时,拱轴方程为

$$y = \frac{4f}{l^2}(1-x)x = \frac{4 \times 4}{16^2}(16-x)x = \frac{1}{16}(16-x)x$$

对于截面 1, 当 x = 2m 时

$$y = \frac{1}{16}(16-2) \times 2 = 1.75m,\text{填入表 14 – 2。}$$

b. 控制截面切线斜率 $tg\varphi$

由

$$tg\varphi = \frac{dy}{dx} = \frac{4f}{l^2}(1-2x) = \frac{4 \times 4}{16^2}(16-2x) = \frac{1}{16}(16-2x)$$

计算各截面的 $tg\varphi$ 填入表 14 – 2。

对于截面 1,当 x = 2m 时

$$tg\varphi = \frac{1}{16}(16-2 \times 2) = \frac{12}{16} = 0.75$$

c. 计算 φ、$sin\varphi$、$cos\varphi$

由各截面的 $tg\varphi$ 求 φ,从而计算 $sin\varphi$ 和 $cos\varphi$,对于截面 1,

$$\varphi = 36.87°, sin\varphi = 0.600, cos\varphi = 0.800$$

(4)计算控制截面内力

由式(14 – 4)、(14 – 5)、(14 – 6)分别计算各控制面截面内力,并将计算所得数据,列入表 14 – 2 的相应栏中。

对于截面 1,

$$M_1 = M_1^0 - H \cdot y = 190 \times 2 - 180 \times 1.75 = 380 - 315 = 65(kN \cdot m)$$

$$Q_1 = Q^0 cos\varphi - Hsin\varphi = 190 \times 0.8 - 180 \times 0.6 = 152 - 108 = 44(kN)$$

$$N_1 = Q^0 sin\varphi + Hcos\varphi = 190 \times 0.6 + 180 \times 0.8 = 114 + 144 = 258kN$$

(5)画内力图

根据表 14 – 2 分别画 M、Q、N 图如图 14 – 28b、c、d。

由图 14 – 28d 可见,在竖向荷载作用下,拱截面轴力较大,且通常为压力。比较表 14 – 2 中的 M^0 和 M,可以清楚看到,由于拱的水平推力 H,使拱的弯矩比相应梁的弯矩小很多。因此拱比梁可以更充分发挥材料的作用,且由于拱主要受压,便于利用抗压性能好,而抗拉性

能差的砖、石、混凝土等建筑材料。但是,由于三铰拱有水平推力,因而三铰拱的基础要做得比较大。因此,用拱做屋顶结构时,有时采用带拉杆的三铰拱,由拉杆来承担支座处的水平力,可减少对柱子(或墙)的推力,如图14-24b所示。带拉杆的三铰拱其支座反力和内力的计算与不带拉杆的三铰完全一样,不另赘述。

表14-2 三铰拱的内力计算表

截面	几　何　参　数						Q^0 (kN)	M(kN·m)			Q(kN)			N(kN)		
	x (m)	y (m)	tgφ	φ	sinφ	cosφ		M^0	-Hy	M	$Q^0 cosφ$	-Hsinφ	Q	$Q^0 sinφ$	Hcosφ	N
0	0	0	1	45°	0.707	0.707	190	0	0	0	134.33	-127.26	7.07	134.33	127.26	261.6
1	2	1.75	0.75	36.87°	0.600	0.800	190	380	-315	65	152	-108	44	114.0	144.0	258.0
2左	4	3.00	0.50	26.57°	0.447	0.894	190	760	-540	220	169.9	-80.5	89.4	85.0	160.9	245.9
2右	4	3.00	0.50	26.57°	0.447	0.894	-10	760	-540	220	-8.94	-80.5	-89.4	-4.47	160.9	156.4
3	6	3.75	0.25	14.04°	0.243	0.970	-10	740	-675	65	-9.70	-43.74	-53.35	-2.43	174.6	172.2
4	8	4.00	0	0	0	1.00	-10	720	-720	0	-10.00	0	-10.00	0	180.0	180.0
5	10	3.75	-0.25	-14.04°	-0.243	0.970	-50	660	-675	-15	-48.5	43.74	-4.76	12.15	174.6	186.8
6	12	3.00	-0.50	-26.57°	-0.447	0.894	-90	520	-540	-20	-80.46	80.46	0	40.23	160.92	201.2
7	14	1.75	-0.75	-36.87°	-0.600	0.800	-130	300	-315	-15	-104.0	108.0	4.00	78.00	144.00	222.0
8	16	0	-1	-45°	-0.707	0.707	-170	0	0	0	-120.19	127.26	7.07	120.19	127.26	247.5

二、三铰拱的合理轴线

在一定荷载作用下,拱所有截面的弯矩都为零(即 M=0)这时拱的轴线称为合理轴线。

具有合理轴线的拱,各截面均没有弯矩,只有轴力,因而正应力沿截面均匀分布,材料的使用最经济。

在竖向荷载作用下,三铰拱的合理轴线方程式,可由公式(14-4)求得

$$M = M^0 - H \cdot y$$

故 $$y = \frac{M^0}{H}$$ (14-7)

式中:M^0 是简支梁的弯矩方程式,H是三铰拱支座的水平推力,y是合理拱轴线的纵坐标。

式(14-7)说明,三铰拱合理拱轴线的纵坐标和简支梁弯矩图的纵坐标成正比。而简支梁的弯矩图,决定于其所承担的荷载类型。因此,对于不同的荷载具有不同的合理拱轴线。但若荷载中所有力的大小,都按某比例增加或减少,而不改变其作用点和作用方向,则合理拱轴仍然不变。研究合理拱轴线的目的是为了在设计中能根据具体荷载情况,选择较为合理的结构

下面研究在竖向均布荷戴作用下,三铰拱的合理拱轴线。

例14-11 如图14-29所示三铰拱,已知拱跨l,拱高为f,均布竖向荷载为q,试确定其合理拱轴线方程。

[解]:(1)求支座反力
由于对称

$$V_A = V_B = \frac{1}{2}ql \quad (\uparrow)$$

根据　$H = \dfrac{M_C^0}{f} = \dfrac{\dfrac{qe^2}{8}}{f} = ql^2/8f$

$$H_A = H_B = H = \frac{ql^2}{8f} \qquad (\rightarrow\!\!\leftarrow)$$

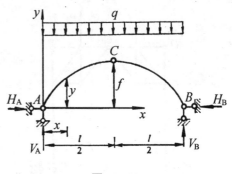

图 14 - 29

(2) 求相应简支梁任意截面(x、y)的弯矩方程式

$$M^0 = V_A^0 x - \frac{1}{2}qx^2 = \frac{1}{2}qx\,(1-x)$$

(3) 由式(14 - 7)确定合理拱轴方程式

$$y = \frac{M^0}{H} = \frac{4f}{l^2}\,x(1-x) \qquad\qquad (14 - 8)$$

式(14 - 8)表示一个左拱趾为原点,起拱线为 x 轴的一个二次抛物线方程式。说明在竖向均匀分布荷载作用下,三铰拱的合理轴线是二次抛物线。因此,房屋建筑中拱的轴线常用抛物线。

第五节　静定组合结构

组合结构是由只承受轴力的二力杆(即链杆)和承受弯矩、剪力、轴力的梁式杆件组合而成。它常用于房屋建筑中的屋架、吊车梁以及桥梁的承重结构。例如图 14 - 30a 所示的下撑式五角形屋架就是较为常见的静定组合结构。其上弦杆由钢筋混凝土制成,主要承受弯矩和剪力;下弦杆和腹杆则用型钢做成,主要承受轴力。其计算简图如图 14 - 30b 所示。

计算组合结构时,一般都是先求出支座反力和各链杆的轴力,然后再计算梁式杆的内力并作出其 M、Q、N 图。需要指出的是,在计算中,必须特别注意区分链杆和梁式杆。截断链杆,截面上只有轴力;截断梁式杆,截面上一般作用有三个内力,即弯矩、剪力和轴力。例如在图 14 - 30c 所示的结构中,结点 D 上虽无荷载作用,但绝对不能认为 DE 和 DF 两杆的内力都为零,因为 DF 杆是梁式杆而不是链杆。又如在图 14 - 30d 所示的结构中,同样也不能像在桁架中那样,取结点 A 为隔离体,利用结点的平衡条件来计算 AD 和 AF 两杆的内力。

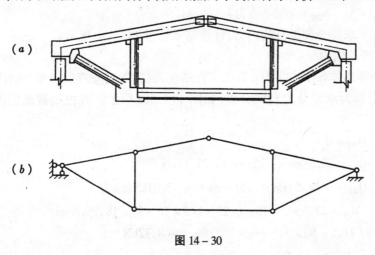

图 14 - 30

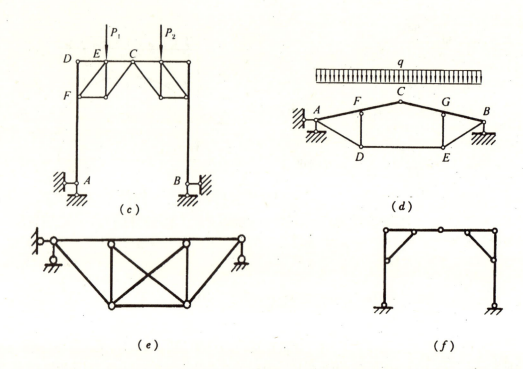

（c）　　　　　　　　　　　　　（d）

（e）　　　　　　　　　　　　　（f）

图 14 - 30

图 14 - 30a、b、c、d、e、f 所示结构均为组合结构。

例 14 - 12　试求解图 14 - 31a 所示下撑式五角形屋架,并绘出梁式杆的 M,Q,N 图。

[解]:这是一组合结构。先求支座反力,再求链杆内力,最后求梁式杆的内力。

1.求支座反力

$$V_A = 45kN(\uparrow) \qquad V_B = 15kN(\uparrow) \qquad H_A = 0$$

2.计算链杆的内力

作截面 I - I,将铰 C 和链杆 DE 切开,取右半部分为隔离体图 14 - 31b 所示。

由 $\sum M_C = 0$, $\qquad N_{DE} = 75kN$(拉力)

再由结点 D、E 即可求得全部链杆的内力,计算结果见图 14 - 31c 所示。

3.计算梁式杆的内力

取 AFC 杆为隔离体如图 14 - 31d 所示。在结点 A 处,除有支座反力外,还有链杆 AD 的轴力,将此轴力分解为水平分力竖向分力,如图 14 - 31e 所示。各控制截面的内力计算如下:

截面 A:　$M_{AF} = 0$

$\qquad Q_{AF} = 27.5 \cdot cos\alpha - 75 \cdot sin\alpha = 21.17kN$

$\qquad Q_{AF} = -27.5 \cdot sin\alpha - 75 \cdot con\alpha = -77.03kN$(压力)

截面 F:　$M_{FA} = M_{FC} = 27.5 \times 3 - 75 \times 0.25 - 1/2 \times 10 \times 3^2 = 18.75kN \cdot m$

$\qquad Q_{FA} = (27.5 - 10 \times 3) \cdot cos\alpha - 75 \cdot sin\alpha = -8.72kN$

$\qquad Q_{FC} = -8.72 + 17.5cos\alpha = 8.72kN$

$\qquad N_{FA} = -(27.5 - 10 \times 3) \cdot sin\alpha - 75 \cdot cos\alpha = -74.5kN$(压力)

$$N_{FC} = -74.54 - 17.5 \cdot sin\alpha = -75.99kN(压力)$$

截面C:　　$$M_{CF} = 0$$

$$Q_{CF} = -15 \cdot cos\alpha - 75 \cdot sin\alpha = -21.18kN$$

$$N_{AF} = 15 \cdot sin\alpha - 75 \cdot cos\alpha = -73.50kN(压力)$$

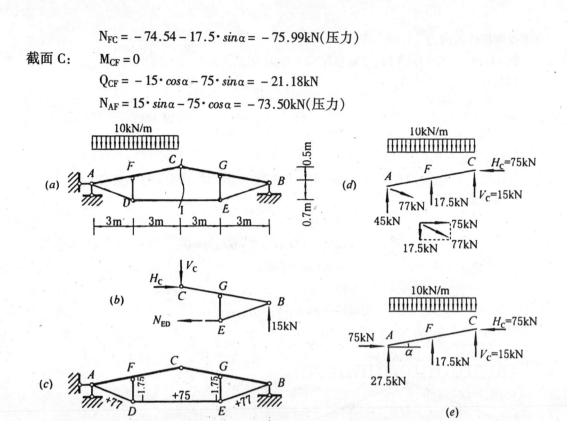

图 14－31

同理,可求出 CGB 杆各控制截面的内力(从程从略)。梁式杆的 M、Q、N 图分别如图 14－32a、b、c 所示。

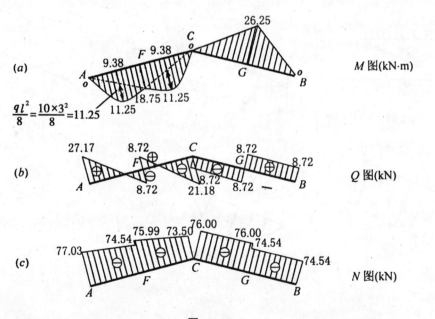

图 14－32

分析组合结构的步骤一般是先求出支座反力,然后用截面法计算各二力杆的内力,最后再求受弯杆件的内力。

例 14 - 13 试计算图 14 - 33a 示结构并作内力图。

[解]:(1)求支座反力

由平衡条件得

$$V_A = V_B = \frac{1}{2} \times 10 \times 12 = 60KN(\uparrow)$$

(2)计算链杆的内力

作截面Ⅰ-Ⅰ,将铰 C 和链杆 DE 切断,取左边为分离体,作受力图(14 - 33b)

根据平衡条件

$$\sum M_C = 0$$

$$1.2N_{DE} + 10 \times 6 \times 3 - 60 \times 6 = 0$$

$$N_{DE} = 150KN(拉)$$

由 $\sum Y = 0$

$$60 - 10 \times 6 - V_C = 0$$

$$V_C = 0$$

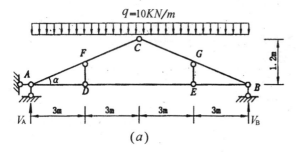

(a)

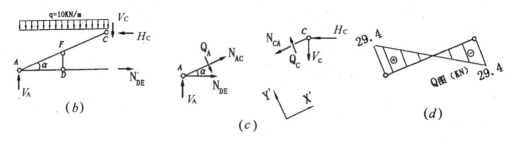

(b)   (c)   (d)

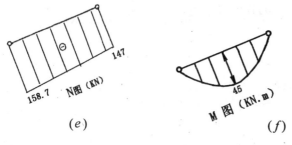

(e)   (f)

图 13 - 33

根据结构和荷载的对称性,也可以判断出 E 结点的反对称力 $V_C = 0$。

由 $\sum X = 0$，得

$$H_C = N_{DE} = 150KN$$

由图中可知，FD 杆为零杆，$N_{FD} = 0$

(3)计算梁式杆的内力并作内力图

由荷载为均布荷载可知，剪力图应为斜直线，因此只需计算出杆 AC 上两控制截面 A、C 的剪力值即可作图。轴力图的情况也类似。取结点 A 为分离体(图 14 - 33c)，作受力图。

由平衡条件$\sum Y' = 0$ 得

$$-Q_A + V_A \cos\alpha - N_{DE} \sin\alpha = 0$$

$$Q_A = 60 \times 0.98 - 150 \times 0.196 = 29.4KN$$

$$\sum X' = 0$$

$$N_{AC} + N_{DE} \cos\alpha + V_A \sin\alpha = 0$$

$$N_{AC} = -150 \times 0.98 - 60 \times 0.196 = -158.76KN(压)$$

求斜杆 AC 的 C 截面的内力时，可取 C 结点为分离体以简化计算。(图 14 - 33c)

作受力图，列平衡方程$\sum Y' = 0$

$$Q_C + H_C \sin\alpha = 0$$

$$Q_C = -150 \times 0.196 = -29.4KN$$

列平衡方程$\sum X' = 0$

$$-N_{CA} - H_C \cos\alpha = 0$$

$$N_{CA} = -150 \times 0.98 = -147KN(压)$$

显然，在斜杆 AC 的两端，$M_A = M_C = 0$ 最大弯矩出现在剪力为零的截面

$$M_{max} = \frac{1}{2} \times 29.4 \times \frac{3}{\cos\alpha} = 45KN \cdot m$$

画在受拉一侧。

根据控制截面的内力值可作出斜杆的剪力图、轴力图和弯矩图，分别如图 14 - 33c、d、e 所示。

本章小结

一、静定平面结构的分类及比较

静定平面结构
{
静定梁
{
单跨静定梁(又可分为：简支梁，伸臂梁，悬臂梁)：是组成各种结构的基本构件之一。
多跨静定梁：是使用短梁跨越大跨度的一种较合理的结构形式。
}

静定刚架(又可分为：悬臂刚架，简支刚架，三铰刚架)：是由直杆组成具有刚结点之结构。
①由于有刚结点，内力分布均匀，可以充分发挥材料性能；同时刚结点处刚架杆数少，内部空间大，有利于使用。②由于各杆均为直杆，便于制作加工。

静定桁架(又可分为：简单桁架，联合桁架，复杂桁架)：是由等截面直杆，相互用铰连接组成之结构。理想桁架各杆均为只受轴向力的二力杆。内力分布均匀，材料可得到充分利用。可用较少材料，跨越较大跨度。

静定拱(又可分为：不带拉杆的三铰拱，带拉杆的三铰拱)：是由曲杆组成，在竖向荷载作用下，支座处有水平反力之结构。水平推力使拱的弯矩比梁的弯矩小很多。因而可以更充分发挥材料的作用。且由于拱主要受压，便于利用抗压性能好而抗拉性能差的砖、石、混凝土等建筑材料。
}

二、静定平面结构的受力分析

1. 基本原理

(1) 静力平衡原理:主要利用静力平衡方程式,计算支座反力和任意截面内力。

(2) 叠加原理:用叠加法作内力图,可以使绘制工作得到简化。

(3) 荷载和内力之间的微分关系:利用微分关系可以迅速而简捷地绘制和校核内力图。

2. 解题步骤

(1) 以全结构为脱离体画受力图,用平衡方程式计算支座反力;

(2) 截取脱离体,画受力图;在受力图上,除应包括荷载和支座反力外,还必须将截面上的内力(多为所求未知力)作为脱离体的外力画出(取脱离体时,应按结构几何组成的相反顺序进行,也就是按先附属,后基本的次序进行。以使未知力的个数与平衡方程式数一致,便于求解);

(3) 利用静力平衡原理,列出平衡方程式求解。

(4) 根据计算结果画出内力图。

三、静定平面结构的特性

1. 从结构的几何组成分析看,静定结构是无多余联系的几何不变体系;

2. 从受力分析看,静定结构的全部反力和内力都可以由平衡条件确定,因此,静定结构的反力和内力与所使用的材料、截面的形状和尺寸无关;

3. 支座移动、温度变化、制造误差等因素,只能使静定结构产生位移,不会引起反力和内力。

思　考　题

14-1　为什么静定多跨梁基本部分承受荷载时,附属部分不产生内力?

14-2　刚架的刚结点处弯矩图有什么特点?

14-3　桁架计算中的基本假定,各起了什么样的简化作用?

14-4　拱结构与梁相比有哪些优点?

14-5　什么是拱的合理轴线?三铰拱的合理轴线是如何确定的?

14-6　试比较三铰拱与三铰刚架的异同点。

习　　题

14-1　作图示多跨静定梁的内力图,并确定各支座反力。

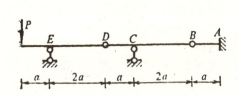

习题 14-1 图

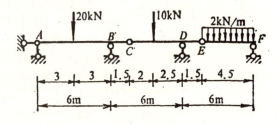

习题 14-2 图

14-2　作图示多跨静定梁的内力图。

14-3　作下列各悬臂刚架的内务图。

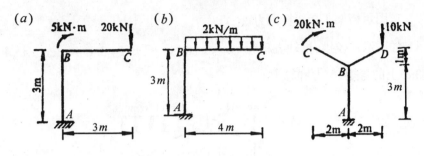

习题 14-3 图

14-4 试作图示简支刚架的内力图。

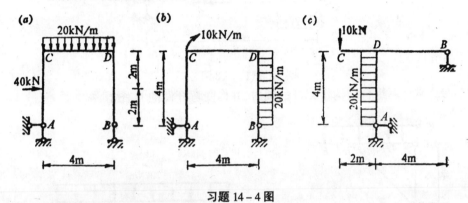

习题 14-4 图

14-5 试作图示三铰刚架的弯矩图。

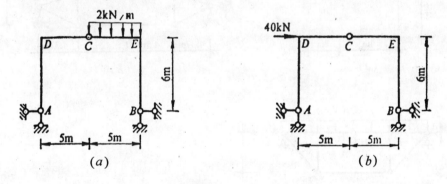

习题 14-5 图

14-6 求图示桁架各杆的轴力。

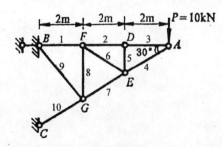

习题 14-6 图

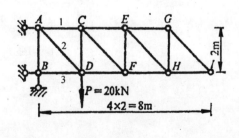

习题 14-7 图

14-7 求图示桁架 1、2、3 杆内力。

14-8 如图示三铰拱，拱轴方程为 $y = \dfrac{4f}{l^2} x (l - x)$，已知 $f = 3m$，$l = 12m$。试求在拱的截面 $K(l_1 = 3m)$ 上的弯矩、剪力和轴力。

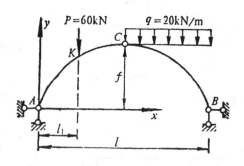

习题 14-8 图

14-9 试计算组合结构桁架杆的轴力，并作受弯杆件的 M 图。

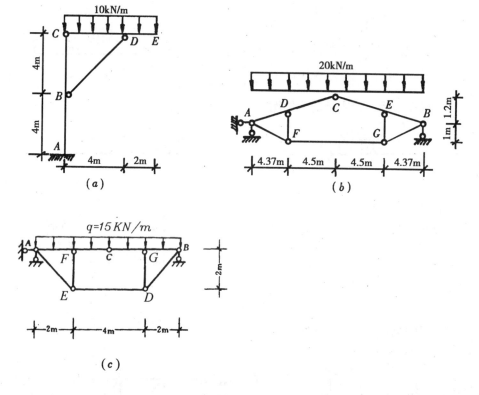

(a)

(b)

(c)

习题 14-9 图

第十五章 静定结构的位移计算

第一节 计算结构位移的目的,虚位移原理

一、计算结构位移目的

建筑结构在施工和使用过程中常会发生变形,由于结构变形,组成结构的杆件上任一截面的位置会发生移动和转动,杆件截面位置的改变,称为结构的位移。计算结构的位移是以虚位移原理(即虚功原理)为基础。

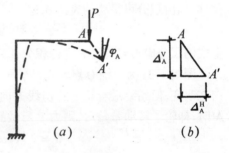

图 15-1

如图 15-1a 所示的刚架,在荷载作用下,结构产生变形如图中虚线所示,使截面的形心 A 点沿某一方向移到 A′点,线段 $\overline{AA'}$ 称为 A 点的线位移,一般用符号 Δ_A 表示。它也可用竖向线位移 Δ_A^V 和水平线位移 Δ_A^H 两个位移分量来表示,如图 13-1b 所示。同时,此截面还转动了一个角度,称为该截面的角位移,用 φ_A 表示。

使结构产生位移的原因除了荷载作用外,还有温度改变,使材料膨胀或收缩、结构构件的尺寸在制造过程中发生误差、基础的沉陷或结构支座产生移动等等因素,均会引起结构的位移。

位移的计算是结构设计中经常会遇到的问题。计算位移的目的有两个:

1.确定结构的刚度。

在结构设计中除了满足强度要求外,还要求结构有足够的刚度,即在荷载作用下(或其他因素作用下)不致发生过大的位移保证结构在使用过程中所产生的位移不超过规定的允许值。例如,吊车梁的最大挠度不得超过跨度的 $\frac{1}{600}$,楼板主梁的挠度则不许超过跨度的 $\frac{1}{400}$。此外,在结构的制作、施工等过程中,也常须预先知道结构变形后的位置,以便作出一定的施工措施,因而也需要计算其位移。

2.为计算超静定结构打下基础。

因为超静定结构的内力,仅由静力平衡条件是不能全部确定的,还必须考虑变形条件,而建立变形条件时就需要计算结构的位移。

二、质点及质点系的虚位移原理

(一)功的概念

上面叙述了引起结构位移的原因和计算结构位移的目的,现分析如何应用虚功原理来推导出位移计算的公式。为了说明虚功原理,首先要掌握弄清功的一般概念及其各种表达方式。如图 15-2 所示,设物体由 A 移动到 A′,移动的水平位移为 S。作用在物体上的力 P,

其大小和方向在位移过程中不变,力 P 和位移 S 之间的夹角为 θ。则

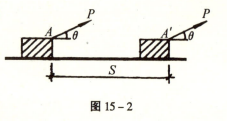

$$W = P cos \theta S \qquad (15-1)$$

图 15-2

W 为力 P 在位移 S 过程中所做的功。也就是说,力所做的功等于力的大小、力作用点的位移大小及它们两者之间的夹角余弦三者的乘积;或者说,等于力在其作用点位移方向上的分量(Pcosθ)和位移大小(S)的乘积。功本身是没有方向的物理量即标量,它的量纲是力乘长度,其单位用 N·m 或 KN·m 来表示。

由式(15-1)可知,一个力所做的功,可能是正值,也可能是负值。当 $\theta < \frac{\pi}{2}$ 时,功为正值,$\theta > \frac{\pi}{2}$ 时,功为负值。当 P=0,或 S=0,或 $\theta = \frac{\pi}{2}$ 时,W 均为零。

若力的大小及方向在移动的过程中都发生改变,而且其作用点不是沿直线,而是沿曲线位移,则由积分可得功的表达式为

$$W = P \int_0^S P cos \theta dS \qquad (15-2)$$

上式的积分应沿着位移 S 进行积分,举例如下:

图 15-3a 为一绕 O 点转动的轮子,在轮子的边缘有力 P 的作用,设力 P 的大小不变,方向在改变,但始终沿着轮子的切线方向,即垂直于轮子的半径 R。当力 P 的作用点 A 转到 A'时,即轮子转动 φ 角后,则力 P 所做的功由公式(15-2)得

$$W = \int_0^S P cos 0° dS = P \int_0^s dS = PS = PR\varphi$$

式中,PR 是力 P 对点 O 的力矩,以 M 表示,则有

$$W = M\varphi$$

即力矩所做的功,等于力矩的大小和其所转过的角位移两者的乘积。

又如图 15-3b 所示,若在轮子边缘上作用有 P 及 P'两个力。当轮子转动 φ 角后,P 及 P'所做的功,由上例(图 15-3a)可知

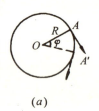

(a) (b)

$$W = PR\varphi + P'R\varphi$$

若 P=P',则有

图 15-3

$$W = 2PR\varphi$$

因为 P×2R 为 P 及 P'所构成的力偶矩,如用 M 表示,则有

$$W = M\varphi$$

即力偶所作的功,等于力偶矩的大小和其所转过的角位移两者的乘积。

(二)质点的虚位移原理

上面讨论的是一个力在位移过程中所做的功。现在进一步讨论作用在一质点上一组力所做的功。如图 15-4 所示,在 A 质点上作用有 P_1, P_2, P_3 一组力,其合力为 R。设 A 质点有一任意的位移,从 A 位移到 A',而且在位移过程中各力 P_1, P_2, P_3 的大小及方向均未改变。P_1, P_2, P_3 及 R 各力与位移 $\overline{AA'}$ 之间的夹角分别以 $\alpha_1, \alpha_2, \alpha_3$ 及 θ 表示,则 P_1, P_2, P_3 所做的功之和为

$$\sum W = P_1 cos\alpha_1 \overline{AA'} + P_2 cos\alpha_2 \overline{AA'} + P_3 cos\alpha_3 \overline{AA'}$$
$$= (P_1 cos\alpha_1 + P_2 cos\alpha_2 + P_3 cos\alpha_3)\overline{AA'}$$

合力 R 所做的功为

$$W_R = R cos\theta \, AA'$$

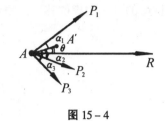

图 15 – 4

由分力及合力在同一轴上的投影关系,则有

$$P_1 cos\alpha_1 + P_2 cos\alpha_2 + P_3 cos\alpha_3 = R cos\theta$$

故得

$$\sum W = W_R$$

即在任意给定或虚设的位移过程中,若力的大小及方向不变,则各个力所做功之和等于其合力所做的功。若合力为零,则各个力所做的功之和为零;反之,各个力所做的功之和为零,则合力必为零。

若质点的位移是任意给定或虚设的(不是由于质点上原有作用力所引起的,或与质点上原有作用力无关的),而且在位移过程中,作用在质点上的各个力的大小及方向保持不变,这种位移常称为**虚位移**。

综上所述,质点处于平衡的必要及充分条件是:对于任意微小的虚位移,作用在质点上所有力所做虚功之和为零。这个结论,通常称为质点的虚位移原理。它同静力平衡方程式一样,也是静力平衡的一种表达方式,而且是更简单的表达方式。

例如,图 15 – 5 在角度为 α 的光滑斜面上放有一球体,其自重为 G,斜面给球的反力 N 通过球心 A 点。为了使球体保持平衡,在平行于斜面且通过球心 A 作用一拉力 P,求 P 的大小。

因为球体上所有的作用力均通过球心,因此,可将球体视为一质点 A,应用质点的虚位移原理,现在给质点 A(即球心)一个虚位移。值得注意的是,对于图中所示的具体问题,给出怎样的位移才是虚位移,即才能使得在位移过程中,作用在质点 A 上各个力(G,N,P)的大小及方向保持不变。现分析如下:P 及 G 将随着质点 A 一起位移,其大小和方向将保持不变;而反力 N,当球体 A 离开斜面其值即为零,因此,只有当球体 A 沿着斜面位移,才能保持 N 的大小和方向不变。也就是说,为了使约束反力 N 大小及方向在位移的过程中保持不变,就不能破坏约束,即只能沿着约束所许可的方向位移。对于图 15 – 5 中的球体,其约束(即斜面)所允许的位移,只可能沿斜面向上或向下位移,从 A 位移到 A′即$\overline{AA'}$为球心的虚位移。由质点虚位移原理,则有

$$G cos\left(\frac{\pi}{2} + \alpha\right)\overline{AA'} + N cos\frac{\pi}{2}\overline{AA'} + P cos0°\overline{AA'} = 0$$

即

$$- G sin\alpha + P = 0$$
$$得 \quad P = G sin\alpha$$

又如图 15 – 6 所示,一球体其球心为 O,自重为 G,AB 为一绳子,在 C 点作用有力 P。当三力处于平衡时应交于球心 O 点。已知绳子 AB 及 P 力作用线与铅直线所成的角度分别为 30°及 60°时,求 P 力的大小。

从图 15 – 6 中可知,显然约束(即绳子 AB)所许可的位移,只能沿绳子 AB 的垂直方向,从 O 点位移到 O′。值得注意的是,若要使在位移过程中各力的大小和方向保持不变,位移 $\overline{OO'}$ 必须是极微小的。即对球体来说,其虚位移必须是微小的。如图 15 – 6 中 OO′是约束所

许可的微小的虚位移。由质点虚位移原理,则有

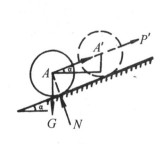

图 15 – 5

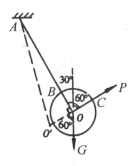

图 15 – 6

$$G\cos 60°\overline{OO'} - P\overline{OO'} = 0$$

得

$$P = G\cos 60° = \frac{1}{2}G$$

显然以上两个例子的结果,与用静力平衡方程式所求结果是完全一样的。

这里要再强调一点的是:虚位移应该是约束所许可的,而且在一般情况下,应该是极微小的位移。

(三)质点系的虚位移原理

上面是讨论了质点的虚位移原理,下面再来讨论质点系的虚位移原理。如图 15 – 7 中所示。A,B,C 为平面内的若干个质点,称之为质点系。如果质点系处于平衡状态,则其每一个质点也必然处于平衡状态;反之,每个质点处于平衡状态,则质点系也必然处于平衡状态。因此,质点系处于平衡状态的必要及充分条件,就是每个质点处于平衡的必要充分条件的总和。所

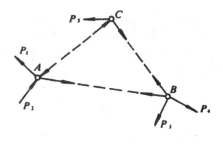

图 15 – 7

以,质点系处于平衡的必要及充分条件是:质点系对于任意微小的虚位移,作用在质点系上所有力所做功之和为零。

作用在质点系上的力,可以分为外力及内力两部分。外力是外界对质点系的作用力,如图 15 – 7 中 $P_1,P_2,P_3\cdots$;内力是质点系中各质点之间的作用力和反作用力。因此,质点系处于平衡的必要及充分条件是:质点系对于任意微小的虚位移,作用在质点系上的外力及内力所做功之和为零。这一结论称为质点系的虚位移原理。

若用 T 及 V 分别表示作用于质点系的全部外力及内力对于任意虚位移所做的功,则有

$$T + V = 0 \tag{15 – 3}$$

式(15 – 3)称为质点系的虚功方程。

以上分别所述的质点和质点系的虚位移原理是以平面上质点及质点系为例讨论的,由讨论的过程可知,其结论对空间的质点及质点系也是正确的。

任何一个物体,均可视为由无限多个的质点所组成,因此,质点系的虚位移原理对于任何一个物体来说,也都是适用的。而一般物体又可分为刚体及变形体。所谓刚体就是指其形状及体积不变的物体;反之,其形状及体积可以改变的物体称为变形体。换言之,质点系的虚位移原理对于刚体及变形体都应该是正确的,也就是说都是适用的。

下面各节将就刚体及变形体的具体情况,对式(15 – 3)作进一步的讨论,从而得出一些

便于应用的计算位移公式。

第二节　刚体的虚位移原理及静定结构由于支座移动所引起的位移计算

如图 15-8 为一刚体,在外力 P_1,P_2…P_n 的作用下处于平衡状态。由于刚体的特点,即在刚体上任意两点(如图 15-8 中 A 及 B 两质点)之间的距离是不变的,它们之间的内力是作用力与反作用力(如图 15-8 中 F 与 F'两个内力),在刚体发生位移的过程中,所做的功是数值相等而正负抵消了。因此,内力做功之和为零,即 V = 0。由式(15-3)得刚体的虚功方程为

$$T = 0$$

故刚体处于平衡的必要且充分条件是:对于任意微小的且为约束许可的虚位移。外力做功之和为零。这一结论称为刚体的虚位移原理。

下面举几个简单的例子来说明刚体的虚位移原理的应用,从而得到静定结构由于支座移动所引起的位移计算公式。

如图 15-9a 为一简支梁,梁上作用有外力 P_1,P_2,P_3,已知 $P_1 = 4P$,$P_2 = 2P$,$P_3 = 8P$,求 B 支座反力 V_B。

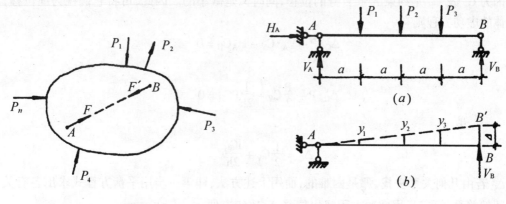

图 15-8　　　　　　　　　　　　图 15-9

此梁所受外力是一组平衡力系,即在 P_1,P_2,P_3,以及支座反力 H_A,V_A,V_B 作用下处于平衡状态。为了应用虚位移原理,去掉 B 支座的约束,相应的以支反力 V_B 代替,并给 B 点一个微小的虚位移 Δ,如图 15-9b 所示,则相应各力作用点也分别向上有位移为 y_1,y_2,y_3。显然,这组虚位移与原来梁上的荷载毫不相关,是独立发生的。由刚体的虚功方程可知,在假设的虚位移所完成的外力虚功 T = 0,即

$$H_A \times 0 + V_A \times 0 - P_1 y_1 - P_2 y_2 - P_3 y_3 + V_B \Delta = 0$$

在上式中,由于 A 支座未发生线位移,所以,H_A 和 V_A 所作的虚功均为零。P_1,P_2,P_3 各力方向与虚位移方向相反,其虚功为负值。

由几何关系可知

$$y_1 = \frac{\Delta}{4}, y_2 = \frac{\Delta}{2}, y_3 = \frac{3}{4}\Delta$$

并将已知各力代入,则有

$$0 + 0 - 4P \times \frac{\Delta}{4} - 2P \times \frac{\Delta}{2} - 8P \times \frac{3}{4}\Delta + V_B \times \Delta = 0$$

消去 Δ,并整理得

$$V_B = 8P$$

上述 B 支座的反力,如果用静力平衡方程求解,也可得到同样的结果。

以上用求简支梁支座反力为例,说明了引用虚功方程计算静定结构反力的一般步骤。显然,反过来若用静力平衡方程先算出 V_B,就可利用虚功方程求得 Δ。

如图 15-10 为三铰刚架,在 C 铰处有铅直方向的力 P 作用。其支座反力可用静力平衡方程求得

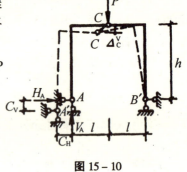

$$V_A = \frac{1}{2}P$$

$$H_A = \frac{1}{2h}P$$

图 15-10

若 A 支座向下位移 C_V、向左位移 C_H,即 A 点移到 A′,而且 C_V 及 C_H 相对于 1 和 h 来说是很微小的。求在 C 点引起的竖向线位移 Δ_C^V,即 $\overline{CC'}$ 在竖向的分量。

因为 C_V 及 C_H 是约束 A 铰自身的位移,同时又是微小的。因此,可将它们视为虚位移,由刚体的虚功方程则有

$$\Delta_C^V \cdot P - V_A \cdot C_V - H_A C_H = 0$$

即

$$\Delta_C^V \cdot P - \frac{P}{2}C_V - \frac{1}{2h}PC_H = 0$$

得

$$\Delta_C^V = \frac{1}{2}C_V + \frac{lC_H}{2h}$$

Δ_C^V 若由几何关系去找,那是困难的,而用上述方法,即第一步用平衡方程式求出各有关力之间的关系;第二步用虚功方程解出位移,就比较方便。

从分析上述在求解 Δ_C^V 的过程中,可得到两点启发:(1)A 支座的位移 C_V 及 C_H 与力 P 无关,且最后求得 Δ_C^V 的结果也与 P 无关;(2)在列出虚功方程时,正因为在所求位移的 C 点及其所求方向上有力 P 的作用。才能使所求的位移 Δ_C^V 在虚功方程中出现,从而解出 Δ_C^V。以上两点很重要,如图 15-10 中 A 支座发生上述位移 C_V 及 C_H 后,若要求三铰刚

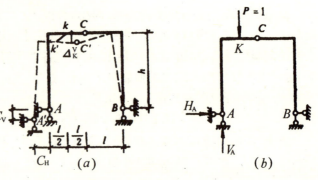

图 15-11

架上任一点的竖向线位移(或水平线位移)时,我们可应用上述两点启发,很方便得到求解结果。

图 15 – 11a 中所示, A 支座发生移动分别为 C_V 和 C_H, 要求 K 点的竖向线位移 Δ_K^V。为了求得 Δ_K^V, 现应用上述两点启发, 可在所求位移的地点和方向上, 即在 K 点设想加一竖向力 P, 为使进一步简化起见, 可使 P = 1, 即加一单位力。因为 P = 1 是与位移无关的, 为使分析问题更清楚些, 可将力与位移分开画于图 15 – 11b。并求得在单位力作用下的有关支座反力如下:

$$V_A = \frac{3}{4} , H_A = \frac{1}{4h}$$

写出虚功方程, 则有

$$\Delta_K^V \times 1 - V_A C_V - H_A C_H = 0$$

即

$$\Delta_K - \frac{3}{4} C_V - \frac{1}{4h} C_H = 0$$

得

$$\Delta_K^V = \frac{3}{4} C_V + \frac{1}{4h} C_H$$

图 15 – 11a 是 A 支座发生 C_V 及 C_H 位移, 称为位移状态; 图 15 – 11b 是在 P = 1 作用下它称为力状态。这里位移状态可视为力状态的虚位移。所谓单位力作用下的力状态是虚设的, 故又称之为虚设状态, 而位移状态是实际上发生的, 故又称为实际状态。为了求实际状态的某一位移, 必须相应的建立 辅助作用的虚设状态, 以便求解。

综合上述分析, 我们可利用虚功方程导出静定结构由于支座位移所引起的位移计算公式。图 15 – 12a 为一任意的静定结构, 若已知 A 支座发生三个方向的位移分别为 C_1, C_2, C_3, 求结构上任一点 K, 在任意方向 i – i 线上的位移, 即 K 点位移 KK′ 在 i – i 方向上的分量 Δ_{ic}。首先必须建立虚设状态, 即在同一结构上, 在所求 K 点沿 i – i 方向上加一单位 P_i = 1, 其相应的支座反力以 $\vec{R}_1$,

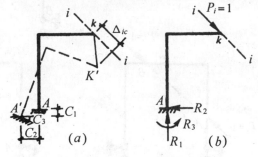

图 15 – 12

$\vec{R}_2, \vec{R}_3$ 表示。将位移状态(图 15 – 12a)视为虚设状态(图 15 – 12b)的虚位移, 则由虚功方程得

$$\Delta_{ic} P_i - \vec{R}_1 C_1 + \vec{R}_2 C_2 - \vec{R}_3 C_3 = 0$$

即

$$\Delta_{iC} = - (- \vec{R}_1 C_1 + \vec{R}_2 C_2 - \vec{R}_3 C_3)$$

写成一般式为

$$\Delta_{iC} = - \sum \vec{R}_i C \qquad\qquad (15 – 4)$$

式中, $\sum \vec{R}_i C$ 为虚设状态(力状态)中各支座反力, 经过位移状态(实际状态)的位移所做虚功的代数和。当 $\vec{R}_i$ 与 C 方向相同时, 则乘积 $\vec{R}_i C$ 为正, 方向相反时则两者乘积为负。若所

得 Δ_{iC} 的结果为正值,则所求位移的方向与单位力 $P_i=1$ 的方向相同;反之,则方向相反。

根据虚功方程,导出由于支座移动引起的静定结构位移计算的一般公式(15-4),用它不仅可以计算结构的线位移,也可以计算结构的角位移;可以计算结构的绝对位移,也可以计算相对位移,只要在虚设状态中所加的单位力和所计算的位移相对应即可。下面以图 15-13 所示的几种情况具体说明如下:

1.若要求图 15-13a、b、c 所示结构上 C 点的竖向线位移,可在该点沿所求位移方向加一单位力。

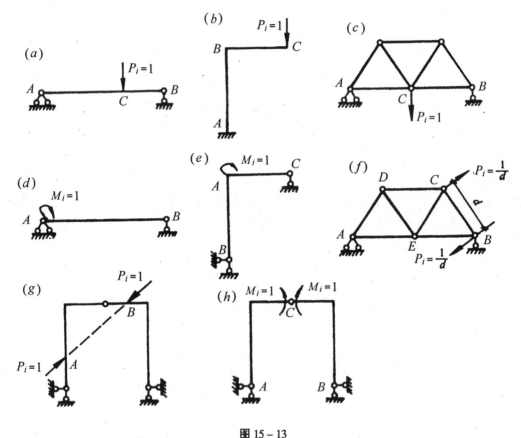

图 15-13

2.若要求图 15-13d、e 所示结构上 A 截面的角位移,可在该截面加一单位力偶。如要求图 15-13f 所示桁架中 BC 杆的角位移,则应加,构成单位力偶的两个集中力,其值为 $\frac{1}{d}$,各作用于该杆的两端并与杆轴垂直,这里 d 为该杆的长度。

3.若要求图 15-13g 所示结构上 AB 两点沿其连线方向的相对线位移,可在该两点沿其连线加上两个方向相反的单位力。

4.若要求图 15-13h 所示结构 C 铰左、右两截面的相对角位移,可在此两个截面上加两个方向相反的单位力偶。

下面我们通过例题来说明公式(15-4)的应用。

例 15-1 图 15-14a 所示的简支刚架,已知 B 支座水平方向移动了 5cm,铅直向下沉陷了 6cm,求 C 点水平线位移 Δ_C^H。

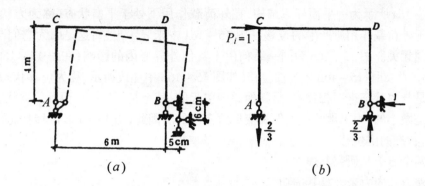

$$(a) \qquad\qquad (b)$$

图 15 – 14

[解]:(1)建立虚设状态,如图 15 – 14b 所示,即在所求的 C 点沿所求方向上加单位力 P_i = 1,求出各支座反力的大小和方向。

(2)代入式 15 – 4,并注意式中反力 $\overrightarrow{R_i}$ 与位移的对应关系,得

$$\Delta_C^H = -\sum \overrightarrow{R_i} C = -\left(-1 \times 5 - \frac{2}{3} \times 6\right) = 9\text{cm}(\rightarrow)$$

结果为正值,说明单位力 P_i = 1 方向与实际的位移方向相同,即 C 点水平位移向右 9cm。

例 15 – 2 图 15 – 15a 所示桁架,B 支座铅直向下沉陷 b,求杆 BC 的转角。

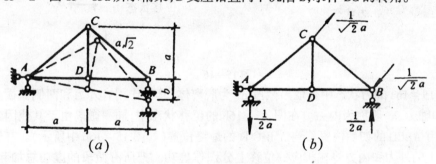

$$(a) \qquad\qquad (b)$$

图 15 – 15

[解]:(1)建立虚设状态,在垂直于 BC 杆的方向加两个力 $\dfrac{1}{a\sqrt{2}}$,组成一单位力偶,并求出各支座反力,如图 15 – 15b 所示。

(2)代入式(15 – 4),得

$$\varphi_{BC} = -\left(-\frac{1}{2a} \times b\right) = \frac{b}{2a}(\circlearrowleft)$$

即 BC 杆顺时针转一角度为 $\dfrac{b}{2a}$。

第三节　变形体的虚功原理

前面讨论了质点、质点系和刚体的虚位移原理(或称为虚功原理)及其应用。但在实际工程结构中碰到的体系并非刚体,当受到外界因素的影响以后总要产生变形,即所谓变形体。本节将进一步讨论变形体的虚功原理。

图 15 - 16a 所示为一平面杆系结构,在外荷载作用下处于平衡状态(称为力状态)。该结构中由于外荷载作用所产生的位移在图 15 - 16a 中未表示出来,这是因为它们与目前所讨论的问题无关。图 15 - 16b 为同一结构由于其他外界原因的影响(在图 15 - 16b 中未表示出来)而产生如图 15 - 16b 中的虚位移(如图 15 - 16b 中虚线所示,称为位移状态)。这里的虚位移是与力状态毫不相关的,是其他原因引起的,甚至是假想的。而且位移状态中的虚位移必须是微小的,为支承约束条件和变形所允许的。因此,图 15 - 16b 位移状态可作为图 15 - 16a 力状态的虚位移。

现从两个方面来研究其虚功:

1.从外力和内力来计算其虚功

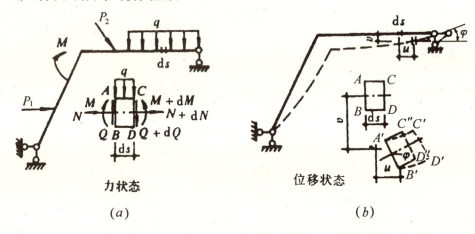

力状态　　　　　　　　位移状态

(a)　　　　　　　　　　(b)

图 15 - 16

从图 15 - 16a 的力状态中任取出微段 dS 为脱离体,其上作用有外力和两侧截面上的弯矩、剪力和轴力,一般称为内力。在图 15 - 16b 的位移状态中,同一微段由于其他因素的影响此微段由 ABCD 的初始位置移到 A′B′C′D′的最终位置(如图 15 - 16b 中所示)。在这一过程中微段上的外力和内力将在相应的位移上分别作虚功。把所有微段的虚功总加起来,便得到整个结构的虚功。微段上各力所作的虚功由两部分组成,即

$$dW_总 = dT_外 + dV_内$$

式中　$dW_总$——微段上所有各力所作虚功总和;

　　　　$dT_外$——微段上外力所作的虚功;

　　　　$dV_内$——微段上内力所作的虚功。

将上式沿杆段积分,并把所有杆件的虚功总和起来,就得到整个结构的总虚功为

$$\sum \int dW_总 = \sum \int dT_外 + \sum \int dV_内$$

简写为　　　　　　　　　　$W_总 = T_外 + V_内$　　　　　　　　　(15 - 5)

式中 $T_外$ 为整个结构所有外力(包括支座反力)在其相应的虚位移上所作的总虚功,即简称外力虚功。$V_内$ 为所有微段截面上的内力所作虚功的总和。由于任何两相邻微段的相邻截面上的内力互为作用力与反作用力,它们大小相等方向相反,另外虚位移是满足变形连续条件,即两微段相邻截面上的虚位移不存在相互错开、脱离或重叠现象。因此,每一对相邻截面上的内力所作的虚功总是大小相等、正负号相反而相互抵消。故所有微段截面上内力所作的虚功总和必然为零,即

$$V_{内} = 0$$

将上式代入式(15-5),得

$$W_总 = T_外 \qquad\qquad (15-6)$$

即整个结构的总虚功等于外力虚功。

2.由刚体和变形体来计算其虚功

将图15-16b中微段的虚位移可分解为:先只发生刚体位移,即由 ABCD 移到 A′B′C″D″ 的位置,然后再发生变形位移,即截面 A′B′不动,而 C″D″再移到 C′D′。同样在这一过程中的虚功也由两部分组成,即

$$dW_总 = dT_刚 + dV_变$$

式中　$dT_刚$——微段上所有各力(外力和内力)在刚体位移上所作的虚功;

　　　$dV_变$——内力在变形位移上所作的总虚功。

由第二节中刚体虚功方程可知:

$$dT_刚 = 0$$

故

$$dW_总 = dV_变$$

对于整个结构的总虚功为

$$\sum \int dW_总 = \sum \int dV_变$$

即

$$W_总 = V_变 \qquad\qquad (15-7)$$

比较式(15-6)和式(15-7),即得

$$T_外 = V_变$$

或简写为

$$T = V \qquad\qquad (15-8)$$

式(15-8)称为变形体的虚功方程。

式中　T——结构全部外力虚功总和,即外力虚功;

　　　V——变形体各微段截面上的内力在其变形上所作虚功的总和,即称为变形虚功。

所以,变形体的虚功原理可表述为:变形连续体系处于平衡的必要和充分条件是:外力所作的虚功总和等于变形虚功。

上述仅着重从物理概念上来论证和分析变形体虚功原理的必要条件,关于更详细的推导及充分性的证明,读者可参阅有关书籍。

下面我们再来讨论变形虚功 V 的表达式。图15-16a所示力状态中微段的平衡力系在图15-16b所示位移状态中同一微段的变形上所作的虚功便是微段的变形虚功。

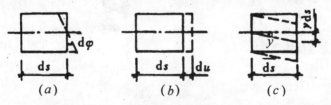

图 15-17

对于平面杆系结构,微段的变形可以分为弯曲变形 $d\varphi$、轴向变形 du 和剪切变形 γds,如图 15-17a、b、c 所示。若略去微段上变矩、轴力和剪力的增量(dM,dN,dQ)以及均布荷载 q

在这些相应变形上所作虚功的高阶微量,则微段上各内力(即图 15 – 16a 中微段)在其相应变形上(即图 15 – 16b 中同一微段)所作的虚功为

$$dV_{变} = Md\varphi + Ndu + Q\gamma ds$$

若当所取微段上还有集中荷载和力偶作用时,可以认为它们是作用在微段左侧截面 AB 上,因而当微段变形时,它们并不作功。总之,仅考虑微段的变形而不考虑其刚体位移时,外力不作功,只有微段截面上的内力作功。对于整个结构,变形总虚功为

$$\sum \int dV_{变} = \sum \int Md\varphi + \sum \int Ndu + \sum \int Q\gamma ds$$

即

$$V = \sum \int Md\varphi + \sum \int Ndu + \sum \int Q\gamma ds$$

代入式(15 – 8),可得变形体虚功方程的表达式为

$$T = \sum \int Md\varphi + \sum \int Ndu + \sum \int Q\gamma ds \qquad (15 – 9)$$

在上面的所有讨论过程中,并不涉及材料的物理性质,只要在小变形范围内,对弹性、非弹性、线性、非线性的变形体系,虚功方程都是适用的。

公式(15 – 9)很重要,在后面的位移计算公式和互等定理的推导时均要用到它。

第四节　静定结构由于荷载作用下引起的位移计算

图 15 – 18a 所示结构在荷载作用下,其变形如图中虚线所示,这一状态是结构的实际受力和变形状态,如前所述即为位移状态。如要求 K 点 i – i 方向(即 K 点水平方向)的线位移,我们可在同一结构所求的 K 点沿所求的方向加一单位力 $P_i = 1$,即建立虚设状态(或称力状态),如图 15 – 18b 所示。在结构上截取微段 ds,以 M_P,N_P,Q_P 及 $d\varphi$,du,γds 分别表示位移状态中微段 ds 的内力和变形;$\overline{M}_i$,$\overline{N}_i$,$\overline{Q}_i$ 表示虚设状态中由于单位力作用引起在同一微段 ds 上的内力;Δ_{ip} 表示由于荷载作用下,所要求的 i – i 方向上的位移。由公式(15 – 9)得

$$P_i \Delta_{ip} = \sum \int \overline{M}_i d\varphi + \sum \int \overline{N}_i du + \sum \int \overline{Q}_i \gamma ds \qquad (a)$$

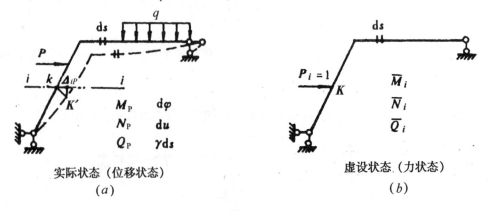

实际状态(位移状态)　　　　　　　　虚设状态(力状态)

(a)　　　　　　　　　　　　　　　(b)

图 15 – 18

由材料力学知识知:位移状态中微段的变形分别可用其内力来表达:

$$dφ = \frac{1}{ρ}ds = \frac{M_P}{EI}ds \left.\begin{matrix} \\ \\ \\ \end{matrix}\right.$$

$$du = εds = \frac{N_P}{EA}ds$$

$$dυ = γds = μ\frac{Q_P}{GA}ds$$

(b)

将式(b)代入式(a)得

$$Δ_{ip} = \sum \int \overline{M}_i \frac{M_P}{EI}ds + \sum \int \overline{N}_i \frac{N_P}{EA}ds + \sum \int \overline{Q}_i μ \frac{Q_P}{GA}ds \tag{15-10}$$

式中,EI,EA 和 GA 分别是截面的抗弯、抗拉(压)和抗剪刚度;μ 为截面的剪应力分布不均匀系数(或称截面修正系数)。μ 只与截面的形状有关,如矩形截面 μ = 1.2,圆形截面 μ = 32/27,如果工字形截面 A 只计算腹板的面积,则可取 μ = 1。

式(15 – 10)为静定结构由荷载作用引起的位移计算公式。计算结果 Δ_{ip} 若为正值,则所求位移方向与虚设状态中单位力 P_i = 1 的方向相同;反之,则方向相反。此外,此公式在推导过程中,没有考虑杆件的曲率对变形的影响,是以直杆推导的,但对一般曲杆,只要曲率不大,仍然可以近似地采用。

式(15 – 10)在具体计算时比较烦琐,针对不同结构形式,略去次要因素对位移的影响,可得到位移计算的实用公式如下:

1. 在梁和刚架中,轴力和剪力所产生的变形影响甚小,可以略去不计,其位移的计算公式可简化为

$$Δ_{ip} = \sum \int \frac{\overline{M}_i M_p dS}{EI} \tag{15-11}$$

2. 对于比较扁平的拱,当计算精确度要求较高时,除弯矩外还需考虑轴力的影响,其位移的计算公式为

$$Δ_{ip} = \sum \int \frac{\overline{M}_i M_p dS}{EI} + \sum \int \frac{\overline{N}_i N_p dS}{EA} \tag{15-12}$$

一般的实体拱中,只考虑弯矩一项的影响也足够精确。

3. 在桁架中,各杆只有轴力,且每一杆件中的轴力、杆长 l 和 EA 均为常数,其位移的计算公式为

$$Δ_{ip} = \sum \int \frac{N_i N_p dS}{EA} = \sum \frac{\overline{N}_i N_p l}{EA} \tag{15-13}$$

4. 对于组合结构的位移计算,可分别考虑,即受弯杆只计弯矩一项的影响,而桁架杆只有轴力一项的影响。其位移计算公式为

$$Δ_{ip} = \sum \int \frac{\overline{M}_i M_p dS}{EI} + \sum \frac{\overline{N}_i N_p l}{EA} \tag{15-14}$$

例 15 – 3 图 15 – 19a 所示简支梁,在均布荷载 q 作用下,EI 为常数。试求:(1)B 支座处的转角;(2)梁跨中 C 点的竖向线位移。

[解]:(1)求 B 截面的角位移

在 B 截面处加一单位力偶 M_i = 1,建立虚设状态如图 15 – 19b。以 A 点为坐标原点,分

别列出荷载作用和单位力偶作用下的弯矩方程为

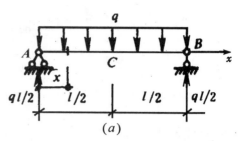

$$M_P = \frac{ql}{2}x - \frac{q}{2}x^2$$

$$\overline{M}_i = \frac{1}{1}x$$

代入式(15 - 11),并积分得

$$\Delta_{ip} = \varphi_B = \int_0^1 \frac{\overline{M}_i M_P ds}{EI}$$

$$= \int_0^1 \frac{\left(-\frac{x}{1}\right)\left(\frac{ql}{2}x - \frac{q}{2}x^2\right)dx}{EI}$$

$$= \frac{1}{EI}\int_0^1 \left(-\frac{qx^2}{2} + \frac{q}{2l}x^3\right)dx$$

$$= -\frac{ql^3}{24EI}(\circlearrowleft)$$

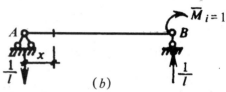

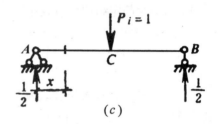

φ_B 的结果为负值,表示其方向与所加的单位力偶方向相反,即 B 截面逆时针转动。

(2)求跨中 C 点的竖向线位移

在 C 点加一单位力 $P_i = 1$,建立虚设状态如图 15 - 19c 所示,分别列出荷载作用和单位力

图 15 - 19

作用下的弯矩方程。以 A 点为坐标原点,当 $0 \leqslant x \leqslant \frac{1}{2}$ 时,有

$$M_P = \frac{ql}{2}x - \frac{qx^2}{2}, \overline{M}_i = \frac{1}{2}x$$

因为对称关系,由式(15 - 11)得

$$\Delta_{ip} = \Delta_C^V = \frac{2}{EI}\int_0^{\frac{1}{2}} \frac{1}{2}x\left(\frac{qlx}{2} - \frac{qx^2}{2}\right)dx$$

$$= \frac{q}{2EI}\int_0^{\frac{1}{2}}(lx^2 - x^3)dx = \frac{5ql^4}{384EI}(\downarrow)$$

Δ_C^V 的结果为正值,表示 C 点竖向线位移方向与单位力方向相同,即 C 点位移向下。

例 15 - 4 图 15 - 20a 所示圆弧曲杆,各截面的 EI = 常数,求 B 点竖向线位移 Δ_B^V。(略去轴向变形的影响)

[解]:(1)建立虚设状态,如图 15 - 20b 所示。

(2)取脱离体如图 15 - 20c 所示。分别列出位移状态和虚设状态任一截面 n - n 的弯矩方程式为

$$M_P = -Pr\sin\theta$$

$$\overline{M}_i = -r\sin\theta$$

(3)代入式(15 - 11)得

$$\Delta_B^V = \sum\int \frac{\overline{M}_i M_P ds}{EI} = \int_0^{\frac{\pi}{2}} \frac{r\sin\theta Pr\sin\theta}{EI}rd\theta$$

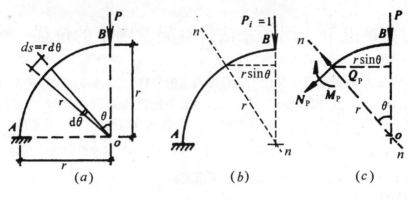

图 15-20

$$= \frac{Pr^3}{EI} \int_{\frac{\pi}{2}}^{\frac{\pi}{2}} \sin^2\theta d\theta$$

因为
$$\int_{\frac{\pi}{2}}^{\frac{\pi}{2}} \sin^2\theta d\theta = \int_{\frac{\pi}{2}}^{\frac{\pi}{2}} \frac{1}{2}(1-\cos 2\theta)d\theta$$

$$= \left(\frac{1}{2}\theta - \frac{1}{4}\sin 2\theta\right)\Big|_0^{\frac{\pi}{2}} = \frac{\pi}{4}$$

所以
$$\Delta_B^V = \frac{Pr^3\pi}{4EI}(\downarrow)$$

例 15-5 试求图 15-21a 所示桁架结点 C 的竖向线位移。已知各杆的 EA 都相同且为常数。

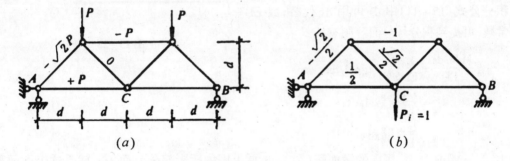

图 15-21

[**解**]:(1)建立虚设状态如图 15-21b 所示,即在结点 C 加一单位力 $P_i = 1$。

(2)计算位移状态和虚设状态各杆的轴力,由于桁架及其荷载均为对称,故只需计算一半桁架的内力。计算结果写在图中各杆上。

(3)将各杆的 N_P 和 N_i 代入式(15-13)得

$$\Delta_C^V = \sum \frac{\overline{N_i} N_P l}{EA}$$

$$= \frac{1}{EA}\left[2(-\sqrt{2}P)\left(\frac{-\sqrt{2}}{2}\right)\sqrt{2}d + 2P \times \frac{1}{2} \times 2d + (-P)(-1)\sqrt{2}d\right]$$

$$= \frac{2Pd}{EA}(2+\sqrt{2}) = 6.83\frac{Pd}{EA}(\downarrow)$$

第五节 用图乘法计算梁及刚架的位移

从上节可知,在计算梁及刚架由于荷载作用下的位移时,先要列出 $\overline{M}_i$ 和 M_P 的方程,然后代入公式(15-11)进行积分计算,有时积分运算是比较麻烦了。如果所考虑的问题满足下述条件时,可用图形相乘的方法来代替积分运算,则计算可得到简化,其条件为:

1. $\overline{M}_i$ 和 M_P 两个弯矩图中至少有一个是直线图形。由于在虚设状态中所加的单位力 $P_i = 1$(或 $M_i = 1$),所以, $\overline{M}_i$ 图总是由直线或折线组成;

2. 杆轴为直线;

3. 杆件抗弯刚度 EI 为常数。

图 15-22 中,上图表示从实际荷载作用下的弯矩图 M_P 中取出的一段(AB 段),图 15-22 中,下图为相应的虚设状态 $\overline{M}_i$ 图,是一直线图形,而 M_P 图为任何形状,现以杆轴为 x 轴,将 $\overline{M}_i$ 图倾斜直线延长与 x 轴相交于 O 点,并以 O 点为坐标原点,则在 $\overline{M}_i$ 图上任一截面的弯矩为

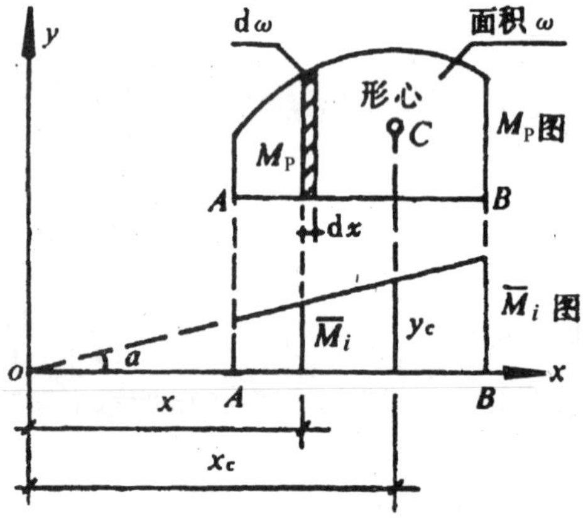

$$\overline{M}_i = x \cdot tg\alpha$$

又积分公式(15-11)中 ds 可用 dx 代替;因 EI 为常数,可提到积分号外面。则有

图 15-22

$$\int_A^B \frac{\overline{M}_i M_P ds}{EI} = \frac{1}{EI} \int_A^B x \cdot tg\alpha M_P dx$$

$$= \frac{tg\alpha}{EI} \int_A^B x M_P dx$$

$$= \frac{tg\alpha}{EI} \int_A^B x d\omega \qquad (a)$$

式中, $d\omega = M_P dx$ 是 M_P 图中的微面积(图 15-22 上图中阴影部分);而 $xd\omega$ 就是这个微面积 $d\omega$ 对 y 轴(通过 O 点的)的静矩。因为 $\int_A^B x d\omega$ 即为整个 M_P 图的面积对 y 轴的静矩,根据合力矩定理,它应等于 M_P 图的面积 ω 乘以其形心 C 到 y 轴的距离 x_C,即得

$$\int_A^B x d\omega = \omega x_C$$

代入式(a),有

$$\int_A^B \frac{\overline{M}_i M_P ds}{EI} = \frac{1}{EI} \omega \cdot x_c \cdot tg\alpha \qquad (b)$$

从图 15-22 中,下图可知 $x_c tg\alpha = y_C$, y_C 为 M_P 图的形心 C 处所对应的 $\overline{M}_i$ 图的纵距。故式(b)表达为

$$\int_A^B \frac{\overline{M}_i M_P ds}{EI} = \frac{1}{EI} \omega \cdot y_C \qquad (c)$$

由此可见,上述积分式就等于一个弯矩图的面积 ω 乘以其形心处所对应的另一个直线弯矩

图上的纵矩 y_C，再除以 EI，这就是图形相乘法或简称图乘法。

如果结构上所有各杆段均能满足图乘条件，则位移计算公式(15－11)可简化为

$$\Delta_{ip} = \sum \int \frac{\overline{M}_i M_p ds}{EI} = \sum \frac{\omega \cdot y_C}{EI} \qquad (15-15)$$

应用图乘法时的注意点：(1)必须符合上述图乘的三个条件；(2)纵距 y_C 应从直线图形上取得；(3)乘积 ωy_C 的正负号，当两弯矩图在同一边时乘积为正，反之为负。

在进行图乘时常用的几种图形的面积及其形心位置，见图 15－23 所示，以备查用。各抛物线图形的公式在应用时，必须注意在顶点处的切线应与基线平行。

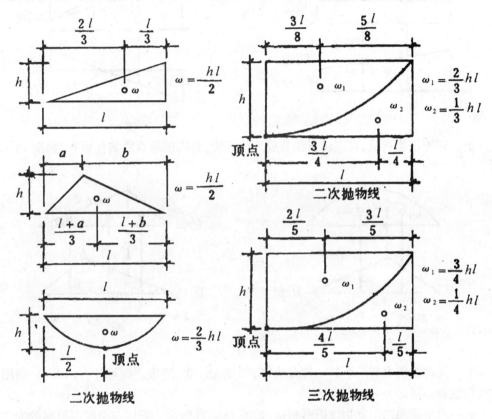

图 15－23

当图乘时，在图形比较复杂的情况下，往往不易直接确定某一图形的面积 ω 或其形心位置时，这时采用叠加的方法较简便，即将图形分成为几个易于确定面积或形心位置的部分，分别用图乘法计算，其代数和即为两图形相乘的值。常碰到的有下列几种情况：

1.若两弯矩图中某段都为梯形，如图 15－24 所示。图乘时可以不必求梯形的形心，而将梯形分解为两个三角形，分别相乘后取其代数和，则有

$$\omega y_C = \omega_1 y_1 + \omega_2 y_2$$

其中

$$\omega_1 = \frac{1}{2} al, \quad \omega_2 = \frac{1}{2} bl$$

$$y_1 = \frac{2}{3} c + \frac{1}{3} d, \quad y_2 = \frac{1}{3} c + \frac{2}{3} d$$

代入上式得

$$\omega y_C = \frac{al}{2}\left(\frac{2}{3}c + \frac{1}{3}d\right) + \frac{bl}{2}\left(\frac{1}{3}c + \frac{2}{3}d\right)$$

$$= \frac{1}{6}(2ac + 2bd + bc + ad) \tag{15-16}$$

若两弯矩图均有正负两部分,如图 15-25 所示。则公式(15-16)仍适用,只要将图 15-25 中的 b,c 以负值代入即可。

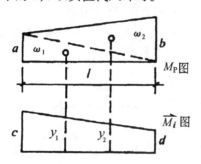

图 15-24　　　　　　　　　图 15-25

2.若弯矩图为折线,则应将折线分成几段直线,分别图乘后取其代数和,如图 15-26 所示。

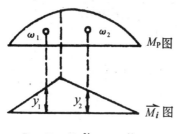

$$\boldsymbol{\Sigma}\,\boldsymbol{\omega}\cdot y_C = \omega_1 y_1 + \omega_2 y_2$$

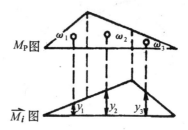

$$\boldsymbol{\Sigma}\,\boldsymbol{\omega}\cdot y_C = \omega_1 y_1 + \omega_2 y_2 + \omega_3 y_3$$

图 15-26

3.若两弯矩图中有一个其一部分为零,如图 15-27 所示。则可分为两段,分别图乘后取其代数和。

4.一般形式的二次抛物线图形相乘,如图 15-28 所示。因均布荷载而引起的为二次抛

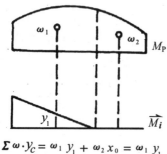

$$\boldsymbol{\Sigma}\,\boldsymbol{\omega}\cdot y_C = \omega_1 y_1 + \omega_2 x_0 = \omega_1 y_1$$

$$\boldsymbol{\Sigma}\,\boldsymbol{\omega}\cdot y_C = \omega_1 y_1 - \omega_2 y_2$$

图 15-27　　　　　　　　　图 15-28

物线弯矩图,此图形的面积可分解为由 ABCD 梯形与抛物线 CED 的面积叠加而得。因此,

可以将 M_P 图分解为上述两个图形(梯形和抛物线图形)分别与 $\overline{M}_i$(梯形)相乘,然后取代数和,即得所求结果。

例 15-6 试求图 15-29a 所示在全跨的均布荷载作用下,简支梁跨中 C 点的竖向线位移 Δ_C^V。EI 为常数。

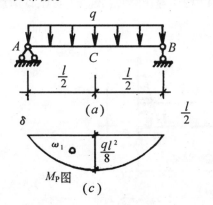
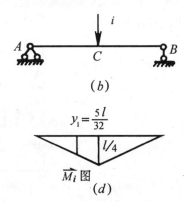

图 15-29

[解]:(1)建立虚设状态,即在所求的 C 点加单位力 $P_i=1$,如图 15-29b 所示。

(2)分别作荷载弯矩图 M_P 和单位力的弯矩图 $\overline{M}_i$,如图 15-29c、d 所示。

(3)进行图形相乘,则得

$$\Delta_C^V = \frac{2}{EI}(\omega_1 y_1)$$

$$= \frac{2}{EI}\left[\left(\frac{2}{3}\times\frac{1}{2}\times\frac{ql^2}{8}\right)\left(\frac{5}{8}\times\frac{1}{4}\right)\right]$$

$$= \frac{5ql^4}{384EI}(\downarrow)$$

图形相乘所得结果与例 15-3 用积分计算的结果完全一样。

例 15-7 试求图 15-30a 所示的梁在已知荷载作用下,A 截面的角位移 φ_A 及 C 点的竖向线位移 Δ_C^V。EI 为常数。

[解]:(1)分别建立在 $\overline{M}_i=1$ 及 $P_i=1$ 作用下的虚设状态,如图 15-30c、d 所示。

(2)分别作荷载作用和单位力作用下的弯矩图,如图 15-30b、c、d。

(3)图形相乘。将 b 图与 c 图相乘,则得

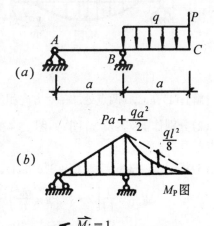

图 15-30

$$\varphi_A = \frac{-1}{2}a\left(Pa+\frac{1}{2}qa^2\right)\left(\frac{1}{3}\times\frac{1}{EI}\right)$$

$$= -\frac{1}{EI}\left(\frac{Pa^2}{6}+\frac{qa^3}{12}\right)(\circlearrowleft)$$

结果为负值,表示 φ_A 的方向与假设 $\overline{M}_i=1$ 的方向相反。

计算 Δ_C^V 时,将 13-30b 图和 13-30d 图相乘,这里必须注意的是:M_P 和 BC 段的弯矩图

是非标准抛物线,所以,图乘时不能直接代入公式,应将此部分的面积分解为两部分,然后叠加,则得

$$\Delta_C^V = \frac{1}{EI}\left[2\left(Pa + \frac{qa^2}{2}\right)\frac{a}{2} \times \frac{2a}{3} - \frac{2}{3}a \times \frac{qa^2}{8} \times \frac{a}{2}\right] = \frac{1}{EI}\left(\frac{2}{3}Pa^3 + \frac{7}{24}qa^4\right)(\downarrow)$$

例 15-8 图 15-31a 所示的刚架,各杆的 EI 均相等,并为常数。试求 C,D 两点之间的相对水平线位移。

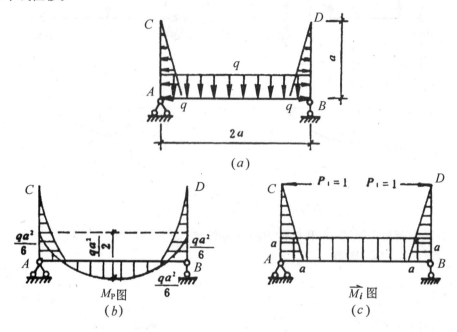

图 15-31

[**解**]:(1)在 C,D 两点处加一对方向相反的水平单位力 $P_i = 1$,建立虚设状态如图 15-31c。

(2)分别作 M_P 图及 $\overline{M_i}$ 图,如图 15-31b、c 所示。M_P 图中 AC,BD 两杆的弯矩图是二次抛物线。

(3)将图 15-31b 与图 15-31c 相乘,则得

$$\Delta_{C-D}^H = \frac{1}{EI}\left[2 \times \left(\frac{1}{4}a \times \frac{qa^2}{6}\right) \times \frac{4a}{5} + 2a \times \frac{qa^2}{6}a - \frac{2}{3} \times 2a \times \frac{qa^2}{2}a\right]$$

$$= \frac{1}{EI}\left(\frac{qa^4 + 5qa^4 - 10qa^4}{15}\right) = -\frac{4qa^4}{15EI}(\rightarrow\!\!\leftarrow)$$

结果为负值,说明实际两点相对位移的方向与所加单位力 $P_i = 1$ 的方向相反。

第六节　线弹性体系的互等定理

本节将应用变形体的虚功原理导出线性体系中的四个互等定理:即功的互等定理,位移互等定理,反力互等定理及反力与位移互等定理。其中,功的互等定理是最基本的,其他三个互等定理均是功的互等定理的特殊情况。下面分别叙述四个互等定理。

一、功的互等定理

图 15-32 中 a,b 是同一线弹性结构,分别作用两组荷载 P_1,P_2 而处在两种不同状态。

为讨论问题方便起见。图 15 – 32a 称第一状态，其内力及微段 ds 的变形分别以 M_1, N_1, Q_1 及 $d\varphi_1$, du_1, $\gamma_1 ds$ 表示；图 15 – 32b 称第二状态，其内力及微段 ds 的变形分别以 M_2, N_2, Q_2 及 $d\varphi_2$, du_2, $\gamma_2 ds$ 表示。

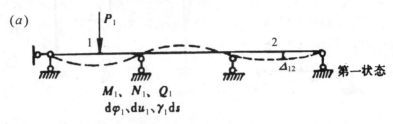

M_1、N_1、Q_1
$d\varphi_1$、du_1、$\gamma_1 ds$

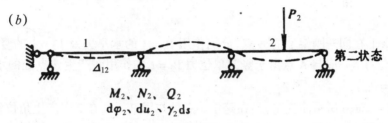

M_2、N_2、Q_2
$d\varphi_2$、du_2、$\gamma_2 ds$

图 15 – 32

根据变形体的虚功原理，将第二状态的位移，视为第一状态的虚位移，则由式（15 – 8），
得
$$T_{12} = V_{12}$$
即

$$P_1 \Delta_{12} = \sum \int M_1 \frac{M_2 ds}{EI} + \sum \int N_1 \frac{N_2 ds}{EA} + \sum \int Q_1 \frac{\mu Q_2 ds}{GA} \qquad (a)$$

反过来，将第一状态的位移，视为第二状态的虚位移，同理，则有 $T_{21} = V_{21}$。
即

$$P_2 \Delta_{21} = \sum \int M_2 \frac{M_1 ds}{EI} + \sum \int N_2 \frac{N_1 ds}{EA} + \sum \int Q_2 \frac{\mu Q_1 ds}{GA} \cdots\cdots (b)$$

比较式（a）和式（b），公式的右边完全相等，则得 $P_1 \Delta_{12} = P_2 \Delta_{21}$，即

$$T_{12} = T_{21} \qquad\qquad (15 – 17)$$

上式称为功的互等定理，可叙述如下：第一状态的外力在第二状态的位移上所做的虚功，等于第二状态的外力在第一状态的位移上所做的虚功。

二、位移互等定理

应用上述功的互等定理，我们来研究图 15 – 33a、b 所示的特殊情况，即在同一结构的两种受力状态中，都只承受一个单位力 $P_1 = P_2 = 1$。以 δ_{12} 及 δ_{21} 分别表示与单位力 P_1 及 P_2 相应的位移，如图 15 – 33a，b 所示。由功的互等定理可得

$$P_1 \delta_{12} = P_2 \delta_{21}$$

因为
$$P_1 = P_2 = 1,$$
则有
$$\delta_{12} = \delta_{21} \qquad\qquad (15 – 18)$$

上式称为位移互等定理，即在第一个单位力的作用点和方向上，由于第二个单位力的作用所引起的位移，等于在第二个单位力的作用点和方向上，由于第一个单位力的作用所引起

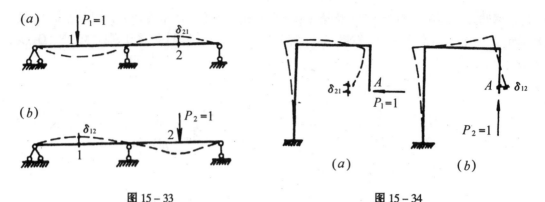

图 15 - 33   图 15 - 34

的位移。

图 15 - 34a、b 在同一刚架上的 A 点，分别作用 $P_1 = 1$ 的水平力及 $P_2 = 1$ 的竖向力，则 A 点处的竖向线位移 δ_{21}，应与 A 点由于竖向单位力 $P_2 = 1$ 的作用而产生该点处的水平线位移 δ_{12} 相等，即 $\delta_{21} = \delta_{12}$。

又如图 15 - 35a、b 所示简支梁，当在跨中 1 点处作用 $P_1 = 1$，在 2 点产生角位移 φ_{21}，在同一结构 2 点处作用 $M_2 = 1$，在 1 点产生的竖向线位移 δ_{12}，可由位移互等定理得

$$\delta_{12} = \varphi_{21}$$

如果用图形相乘法计算也可证实二者相等，其值为

$$\delta_{12} = \varphi_{21} = \frac{l^2}{16EI}$$

此例中虽然 δ_{12} 代表线位移，而 φ_{21} 代表角位移，它们含义不同，但二者在数值上是相等的。

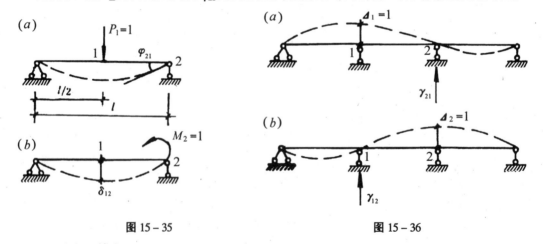

图 15 - 35   图 15 - 36

三、反力互等定理

此定理也是功的互等定理的一个特殊情况，并且只适用于超静定结构。图 15 - 36a, b 是同一结构，处在两个不同的状态。图 15 - 36a 中支座 1 发生单位位移，即 $\Delta_1 = 1$，在支座 2 引起的支座反力以 r_{21} 表示；图 15 - 36b 中是支座 2 发生单位位移，即 $\Delta_2 = 1$，在支座 1 引起的支座反力以 r_{12} 表示。

由功的互等定理可得

$$r_{21}\Delta_2 = r_{12}\Delta_1$$

因为 $\Delta_1 = \Delta_2 = 1$,故

$$r_{21} = r_{12} \qquad\qquad (15-19)$$

上式称为反力互等定理,即支座 1 发生单位位移,在支座 2 处引起的反力,等于支座 2 发生单位位移,在支座 1 处引起的反力。

这一定理对结构上任何两个支座都适用,但应注意反力与位移在作功的关系上应相适应,力对应于线位移。力偶对应于角位移。

图 15-37a、b 所示为表示反力互等的一个例子。应用上述定理可知反力 r_{12} 与反力偶 r_{21} 相等,虽然它们一个代表力,一个代表力偶,二者含义不同,但在数值上是相等的。

四、反力与位移互等定理

此定理也是功的互等定理的一个特殊情况,也只适用于超静定结构。说明一种状态中的反力与另一种状态中的位移具有互等关系。

图 15-38a、b 是同一结构,处在两个不同状态。a 图中在 1 点作用一单位力 $P_1 = 1$;b 图中在支座 2 处发生单位位移 $\Delta_2 = 1$。由功的互等定理可得

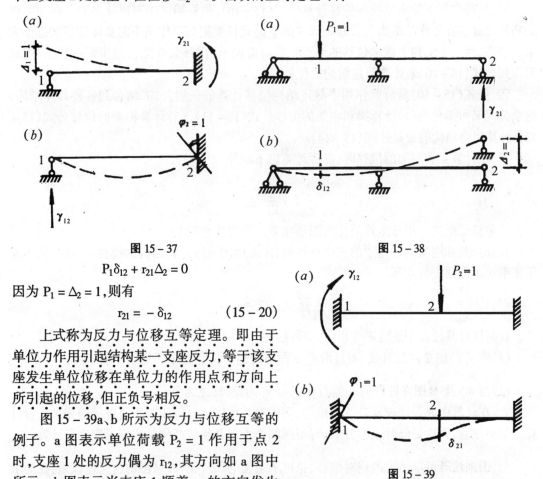

图 15-37

图 15-38

图 15-39

$$P_1\delta_{12} + r_{21}\Delta_2 = 0$$

因为 $P_1 = \Delta_2 = 1$,则有

$$r_{21} = -\delta_{12} \qquad (15-20)$$

上式称为反力与位移互等定理。即由于单位力作用引起结构某一支座反力,等于该支座发生单位位移在单位力的作用点和方向上所引起的位移,但正负号相反。

图 15-39a、b 所示为反力与位移互等的例子。a 图表示单位荷载 $P_2 = 1$ 作用于点 2 时,支座 1 处的反力偶为 r_{12},其方向如 a 图中所示。b 图表示当支座 1 顺着 r_{12} 的方向发生一单位转角 $\varphi_1 = 1$ 时,在点 2 处沿 P_2 方向的位移为 δ_{21}。则由公式(15-20)得

$$r_{12} = -\delta_{21}$$

本章小结

一、计算结构位移的主要目的是：

1.验算结构的刚度,即验算结构的位移是否超过规定所允许的位移限值。

2.为超静定结构内力分析打下基础。

引起结构位移的原因主要有荷载、温度变化及支座移动等,本章主要讨论荷载及支座移动所引起的位移。

二、计算结构的位移时,必然涉及到结构材料的性质(例如要涉及 E 和 G 等)。但不论采用何种材料,均规定杆件截面上的最大应力都不超过材料的弹性极限,因此在计算时把结构视为弹性结构。弹性结构的特点是:

1.结构的位移与其作用力成正比;

2.位移是很微小的。

三、荷载作用下静定结构的位移计算公式(15 – 10),是根据虚功原理导出的。虚功原理的巧妙之处就在于作功的力与位移是无关的。因此只要把荷载作用下的实际位移状态作为第二状态,然后在结构上欲求位移的地点和方向虚设单位荷载,并把它当作第一状态,则就可以用公式(15 – 10)来计算静定结构的位移了。

四、公式(15 – 10)是荷载作用下静定结构位移计算的一般公式,结合到各种具体结构,这个公式又可简化为(1)计算梁和刚架的位移公式(15 – 11),(2)计算桁架的位移公式(15 – 12),计算组合结构的位移公式(15 – 14)。

五、在计算梁和刚架的位移时,需要计算以下积分

$$\int \frac{\overrightarrow{M_i}M_P}{EI}dx$$

图乘法是把这一积分运算简化为图形相乘。值得注意的是:

只有当梁和刚架满足先取的三个条件时,才能用图乘法计算结构的位移。否则,就不能用图乘法。图乘法公式是:

$$\int \frac{1}{EI} \overrightarrow{M}_i M_p dx = \frac{1}{EI} \ \omega \cdot y_c$$

在具体计算过程中还应遵守以下二项注意:

(1)取 y_c 的图必须是直线、而且沿着 ω 图形的整个长度上必须是同一根直线。

(2)当 M_p 及 $\overrightarrow{M}$ 图在杆件同一侧时乘积 $\omega \cdot y_c$ 为正,反之为负。

六、在计算中遇到比较复杂的弯矩图,则图乘时可将其分解成若干简单的部分来进行计算。但须注意,无论是分解或不分解,弯矩图的面积都必须按杆件的实际长度进行计算。

七、图乘法既可求结构的绝对位移,也可求结构的相对位移,$\overline{M}$图的含义应该是:在要求相对位移的方向施加一对反向的单位荷载所产生的弯矩图。

八、静定结构因支座移动而产生的位移是刚体的位移,即杆件本身不发生变形、结构也不会引起反力和内力。计算静定结构由于支座移动而引起的各截面的位移(线位移或角位

移),本质上属于几何学问题,现在用虚功原理来计算,实际上就是用静力学方法来解决几何学的问题。根据虚功原理导出的静定结构,由于支座移动而引起的位移计算公式为:

$$\Delta_{ic} = - \sum \overrightarrow{R}_i \cdot c$$

计算前应注意:(1)不要把总和号$\sum$之前的负号遗漏;(2)总和号$\sum$里面的符号确定方法是:当反力$\overrightarrow{R}$的方向与相应支座移动c的方向相同时,取正号,反之,取负号。

九、弹性结构的几个互等定理十分重要,它不仅是结构力学的重要理论基础,而且也是分析超静定结构极为有用的工具。其中尤以功的互等定理最为重要,因为其它互等定理都是由功互等定理导出的。

$$M_p dx = \omega \cdot y_c$$

思 考 题

思15－1 常力的功、变力的功、力矩的功、它们各等于什么?

思15－2 质点、质点系、刚体、变形体的虚位移原理内容各是什么?

思15－3 试说明结构在荷载作用下或支座移动时位移计算公式及其各项的物理意义。

思15－4 计算位移时为什么要虚设单位力?应根据什么原则虚设单位力?试举例说明之。

思15－5 应用单位荷载法求位移时,如何确定所求位移方向?

思15－6 图乘法的应用条件是什么?

思15－7 功互等定理和位移互等定理各说明了什么物理概念?

习 题

15－1 简支梁受均布荷载作用,试用虚位移原理求:①A 支座反力;②B 支座反力。

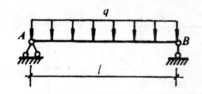

习题 15－1

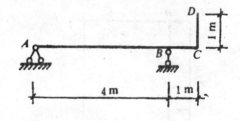

习题 15－2

15－2 图示结构当下列情况时:(1)支座 A 向左移动 10mm;(2)支座 A 下沉 10mm;(3)支座 B 下沉 10mm。分别求 D 点的水平位移。

15－3 图示三铰拱,已知:B 支座向右发生水平位移 a、竖直向下位移 b。试求顶铰 C 的竖向位移。

15－4 如果要求图示结构指定点或指定截面的位移时,应怎样建立相应的虚设状态。

(a)图中 A 点的竖向位移和 A,B 两点的相对线位移;(b)图中 C,D 两点的相对线位移和 CD,CE 两杆的相对角位移。

15－5 用积分法,求下列结构中 B 处的转角和 C 点的竖向线位移。EI ＝ 常数。

15－6 用积分法试求:(1)a 图中 C 点水平和竖向的线位移及 C 截面的转角;(2)b 图中 D 点的竖向线位移和 B,C 两截面的相对转角。各杆的 EI ＝ 常数。

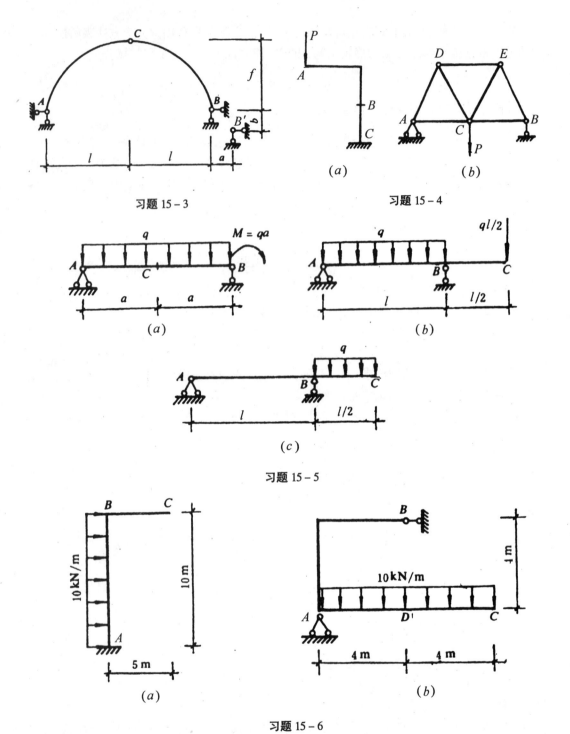

习题 15-3

习题 15-4

习题 15-5

习题 15-6

15-7 用积分法,求:(1)a图中 D 点和 C 点的竖向线位移。(2)b图中 B 点水平线位移和 B 截面的转角。

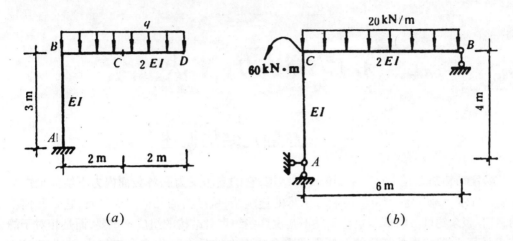

(a)   (b)

习题 15-7

15-8 用图乘法,求题 15-7 图 a,b 中各相应的位移。

15-9 用图乘法,求图示刚架 CD 两点的相对线位移。

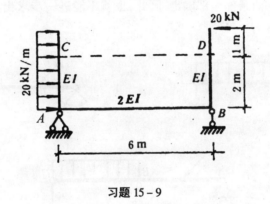

习题 15-9

第十六章 力 法

第一节 超静定结构概述

超静定结构是工程实际中常用的一类结构,它的支座反力和各截面内力不能完全由静力平衡条件唯一地确定。如图 16-1a 所示的连续梁,从结构的几何组成来看,它是几何不变的,且有多余约束。所谓多余约束并不是说这些约束对结构的组成不重要,而是相对于静定结构而言,这些约束是多余的。产生在多余约束中的反力称为多余未知力,若把支座 B 链杆看作为多余约束,则其多余未知力就是 V_B(如图 16-1b)。也可把支座 c 链杆看作为多余约束,则其多余未知力就是 V_C(如图 16-1c)。从静力特征方面来分析,显然此连续梁中所有反力不能用静力平衡条件全部确定,因此,也就不能进一步求出其内力,而必须考虑结构的位移条件。

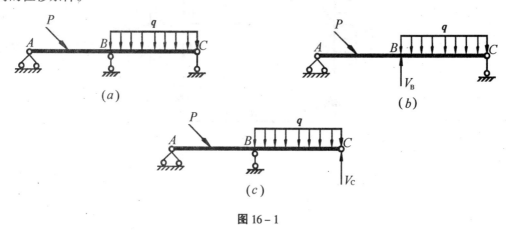

图 16-1

一、超静定结构类型

超静定结构的类型很多,其应用也较广。主要类型有如下几种:

1. 单跨和多跨的超静定梁式结构,如图 16-2a、b 所示。

图 16-2

2. 超静定刚架。其形式有单跨单层(如图 16-3a),多跨单层(如图 16-3b),单跨多层(如图 16-3c),多跨多层(如图 16-3d)等。

3. 超静定拱式结构。其形式有二铰拱和带有系杆的二铰拱(如图 16-4a、b)、无铰拱(如图 16-4c)等。

4. 超静定桁架(图 16-5a、b)。

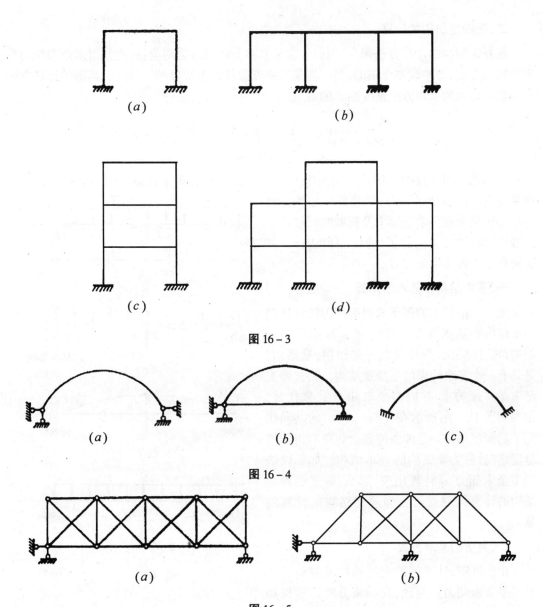

图 16 - 3

图 16 - 4

图 16 - 5

5. 超静定组合结构。图 16 - 6a 为梁和桁架的组合,也可由梁和拱组合。

6. 铰接排架。(图 16 - 6b)

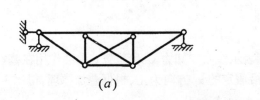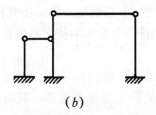

图 16 - 6

二、超静定结构的计算

超静定结构的计算方法很多,但归纳起来基本上可以分为两类:一类是以多余未知力为未知数的力法,即本章要介绍的;另一类是以结点位移为未知数的位移法。其他的计算方法大多是从这两种基本方法演变而来的。

第二节 力法的基本原理

由前述可知,超静定结构与静定结构的根本区别在于有多余约束,从而有多余未知力,如果设法求出多余未知力,则超静定结构的计算就可转化为在多余未知力及荷载共同作用下的静定结构的计算问题了,所以用力法计算的关键在于求解多余未知力。

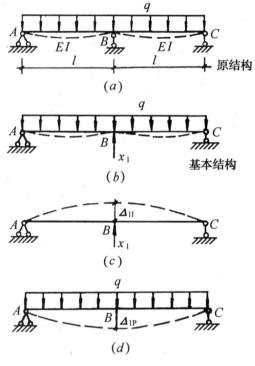

图 16 - 7

一、基本结构和基本未知量

先以一个简单的例子来说明用力法计算超静定结构的基本原理。如图 16 - 7a 所示为一根两跨的连续梁,受外荷载 q 的作用,显然,它是具有一个多余约束的超静定结构。若去掉支座 B 的多余约束,并以多余未知力 x_1 来代替,则得到图 16 - 7b 所示在 q 与 x_1 两力的共同作用下的静定结构。这种去掉多余约束后得到的静定结构,称为原结构的基本结构。如果设法把多余未知力 x_1 计算出来,那么,原来超静定结构的计算问题就可化为静定结构的计算问题。

二、力法的基本方程

由此可知,计算超静定结构的关键就在于求出多余未知力。为此,我们来分析原结构和基本结构的变化情况。原结构在支座 B 处是没有竖向位移的,而基本结构在外荷载 q 和多余未知力 x_1 的共同作用下,在 B 处的竖向位移也必须等于零,才能使基本结构的受力和变形情况与原结构的受力和变形完全一致。所以,用来确定多余未知力 x_1 的位移条件是:基本结构在原有荷载和多余未知力共同作用下,在去掉多余约束处的位移 Δ_1(即沿 x_1 方向上的位移)应与原结构中相应的位移相等,即

$$\Delta_1 = 0$$

如图 16 - 7c,d 所示,以 Δ_{11} 和 Δ_{1P} 分别表示多余未知力 x_1 和荷载 q 单独作用在基本结构上 B 点处沿 x_1 方向的位移。其符号都以沿假定的 x_1 方向为正,根据叠加原理,得

$$\Delta_1 = \Delta_{11} + \Delta_{1P} = 0$$

基本结构在未知力 x_1 单独作用下沿 x_1 方向的位移 Δ_{11} 与 x_1 成正比,则有

$$\Delta_{11} = \delta_{11}x_1$$

式中，δ_{11} 是在单位力 $x_1 = 1$ 单独作用下，基本结构 B 点沿 x_1 方向产生的位移，当 x_1 为任意数时，$\Delta_{11} = \delta_{11}x_1$。因此，可以把上面的位移条件表达式改写为

$$\delta_{11}x_1 + \Delta_{1P} = 0 \qquad (a)$$

即

$$x_1 = -\frac{\Delta_{1P}}{\delta_{11}} \qquad (b)$$

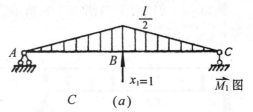

$\overrightarrow{M_1}$ 图

(a)

式(a)就是根据实际的位移条件，得到求解 x_1 的补充方程，或称为力法方程。由于 δ_{11} 和 Δ_{1P} 都是静定结构在已知力作用下的位移，可由第十六章中用图形相乘法求得，因此，多余未知力 x_1 的大小和方向即可确定。如果求得的多余未知力 x_1 为正值，说明多余未知力 x_1 的实际方向与原来假设的方向相同；如果是负值，则其实际方向与假设的方向相反。

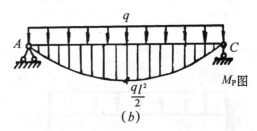

M_P 图

(b)

为了计算位移 δ_{11} 和 Δ_{1P}。可分别绘出在 x_1 = 1 和荷载 q 作用下的弯矩图 $\overrightarrow{M_1}$ 和 M_P，如图 16 – 8a，b 所示。计算 δ_{11} 时利用 $\overrightarrow{M_1}$ 图自乘，得

$$\delta_{11} = \int \frac{\overrightarrow{M_1^2}ds}{EI} = \frac{2}{EI} \times \frac{1}{2}l \times \frac{1}{2} \times \frac{2}{3} \times \frac{1}{2} = \frac{l^3}{6EI}$$

计算 Δ_{1P} 时由 $\overrightarrow{M_1}$ 图与 M_P 图相乘，得

$$\Delta_{1P} = \int \frac{\overrightarrow{M_1}M_P ds}{EI} = -\frac{2}{EI} \times \frac{2}{3} \times 1 \times \frac{ql^2}{2} \times \frac{5}{8} \times \frac{1}{2}$$

$$= -\frac{5ql^4}{24EI}$$

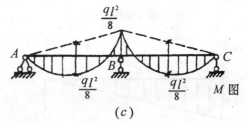

M 图

(c)

将所求得的 δ_{11}，Δ_{1P} 代入式(b)，即可求得多余未知力 x_1 之值为

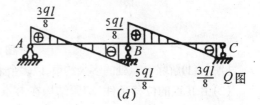

Q 图

(d)

图 16 – 8

$$x_1 = -\frac{\Delta_{1P}}{\delta_{11}} = \frac{5ql^4}{24EI} \times \frac{6EI}{l^3} = \frac{5ql}{4}(\uparrow)$$

求得多余未知力 x_1 后，将 x_1 和荷载 q 共同作用在基本结构上。利用静力平衡条件就可以计算出原结构的反力和内力，并作最后弯矩图和剪力图，如图 16 – 8c、d 所示。

原结构上任一截面处的弯矩 M 也可根据叠加原理，按下列公式计算。

$$M = \overrightarrow{M_1}x_1 + M_P$$

例如，B 截面的弯矩为

$$M_{BA} = -\frac{1}{2} \times \frac{5ql}{4} + \frac{ql^2}{2} = -\frac{ql^2}{8}(上边受拉)$$

综上所述，力法计算超静定结构是以多余未知力作为基本未知量，取去掉多余约束后的静定结构为基本结构，根据基本结构中在多余约束处的位移与原结构在此处的位移相等的变形协调条件建立力法基本方程，从而求解出多余未知力，于是超静结构的计算就转化为静

定结构的计算。

下面举例说明用力法求解超静定结构内力的具体步骤。

例 16-1 用力法计算图 16-9a 所示的单跨超静定梁,绘最后弯矩图和剪力图。EI =
常数。

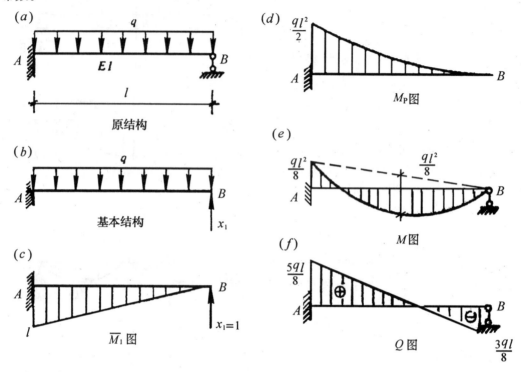

图 16-9

[解]:(1)解除 B 点处的多余约束,以多余未知力 x_1 代替,得基本结构如图 16-9b 所示。

(2)由 B 点的位移条件,即原结构在 B 点沿 x_1 方向的位移应等于零,得力法方程为

$$\delta_{11}x_1 + \Delta_{1P} = 0$$

(3)绘出基本结构在单位力 $x_1 = 1$ 单独作用下的弯矩图 $\overline{M}_1$ 和在荷载单独作用下的弯矩
图 M_P,如图 16-9c,d 所示。利用图乘法求位移 δ_{11},Δ_{1P},并解出多余知力 x_1:

a. 用 $\overline{M}_1$ 图自乘,得 $\qquad \delta_{11} = \dfrac{1}{EI}\left(\dfrac{1}{2}l^2 \times \dfrac{2}{3}l\right) = \dfrac{l^3}{3EI}$

b. 用 $\overline{M}_1$ 与 M_P 图相乘,得 $\qquad \Delta_{1P} = -\dfrac{1}{EI}\left(\dfrac{1}{3}l \times \dfrac{ql^2}{2} \times \dfrac{3}{4}l\right) = -\dfrac{ql^4}{8EI}$

将 δ_{11},Δ_{1P} 代入力法方程,得

$$x_1 = -\frac{\Delta_{1P}}{\delta_{11}} = \frac{ql^4}{8EI} \times \frac{3EI}{l^3} = \frac{3ql}{8}(\uparrow)$$

(4)作最后内力图。把已求得的 x_1 和荷载 q 共同作用在基本结构上,按求静定梁内力
的方法作出最后弯矩图和剪力图,如图 16-9e、f 所示。或者按叠加公式,即

$$M = \overrightarrow{M}_1 x_1 + M_P$$

可求得任一截面的弯矩值。

例如,A 和 B 截面的弯矩 M_{AB}、M_{BA}分别为:

$$M_{AB} = l\,\frac{3}{8}ql - \frac{ql^2}{2} = -\frac{ql^2}{8}\,(上边受拉)$$

$$M_{BA} = 0 \times \frac{3}{8}ql + 0 = 0$$

第三节 超静定次数的确定

由前述可知,用力法解超静定结构时,一般把原超静定结构中的多余约束去掉,变为静定结构。此静定结构,称为原结构的基本结构。从原结构去掉的多余约束数目,或与多余约束相应的多余未知力的数目,称为该超定结构的超静定次数,用"n"表示。

一、去掉多余约束的原则

超静定结构去掉多余约束后得到的基本结构,必须是几何不变体系而且是静定结构,这就是超静定结构去掉多余约束的原则。若去掉多余约束后所得体系,一部分为可变体系,而另一部仍有多余约束,这是不允许的。

二、去掉多余约束的方式

1.去掉一根链杆,等于去掉一个约束。如图 16 - 10a、b 所示;

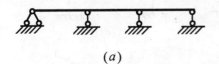

(a)

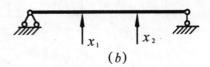

(b)

图 16 - 10

2.去掉一个铰支座或去掉一个单铰,相当于去掉两个约束。如图 7 - 11a、b、c、d 所示。

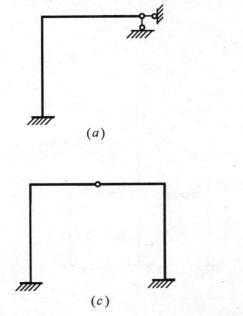

(a)

(b)

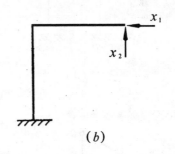

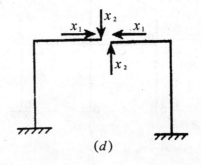

(c)

(d)

图 16 - 11

3. 切断梁式杆后加入一个铰,或将固定支座改为固定铰支座,相当于去掉一个约束。如图 7-12a、b 所示。

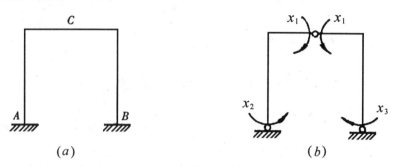

(a) (b)

图 16-12

4. 去掉一个固定支座或切断一根梁式杆,相当于去掉三个约束。如图 16-13a、b、c、d、e、f、g 所示。

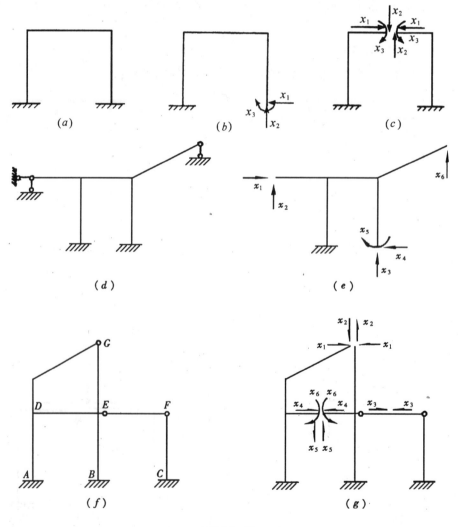

图 16-13

超静定结构存在的多余约束,可能是结构本身以外的支座,也可能是结构内部的杆件,还可能是两者兼有。因此,在选择静定的基本结构,或者说去掉多余联系时,就必须全面考虑。

例如图 16－14a 所示的结构,如果去掉一个竖向链杆,即变成如图 16－14b 所示的体系,但其闭合框架仍然有三个多余约束,必须把闭合框切开,如图 16－14(c)所示,此时,才成为静定结构。所以,该结构属外部超静定与内部超静定兼有的问题。

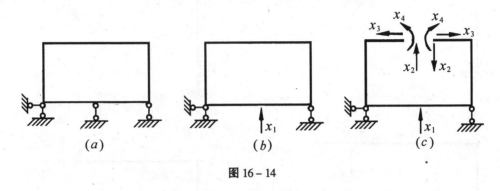

图 16－14

第四节　力法的典型方程

在本章第二节中,通过只有一个未知力的超静定结构的计算,初步了解力法的基本原理和计算步骤。本节将进一步讨论有多个未知力的超静定结构的计算、其关键是怎样建立多次超静定结构的力法方程。

图 16－15a 为三次超静定结构,在荷载作用下结构产生的变形用图中虚线表示。去掉支座 B 的三个多余联系,并相应地用三个未知力 x_1, x_2, x_3 表示,其基本结构如图 16－15b 所示。

由位移条件,即在未知力 x_1, x_2, x_3 和外荷载 P 共同作用下,基本结构在 B 处三个方向总的位移均为零。因为原结构在固定支座 B 处三个方向均没有位移,设 Δ_1 为水平方向总的位移、Δ_2 为竖向总的位移和 Δ_3 为总的角位移,得

$$\left.\begin{array}{l}\Delta_1 = 0\\\Delta_2 = 0\\\Delta_3 = 0\end{array}\right\} \qquad (a)$$

式(a)就是建立力法方程的位移条件。

为了利用叠加原理进行计算,将图 16－15b 分解为图 16－15c、d、e、f 四种情况,分别表示 x_1, x_2, x_3 和外荷载 P 单独作用下的受力和变形,为了便于列出力法方程。在各位移符号右下角加两个脚标。第一个脚标表示产生位移的地点和方向;第二个脚标表示产生位移的原因。

在图 16－15c 中,当 $x_1 = 1$ 时,B 点沿 x_1, x_2 和 x_3 方向的位移分别用 δ_{11}, δ_{21} 和 δ_{31} 表示,在图 14－18d 中当 $x_2 = 1$ 时,B 点沿 x_1, x_2 和 x_3 方向的位移分别用 δ_{12}, δ_{22} 和 δ_{32} 表示;在图 16－15e 中,当 $x_3 = 1$ 时,B 点沿 x_1, x_2 和 x_3 方向的位移分别用 δ_{13}, δ_{23} 和 δ_{33} 表示;在图 16－15f 中,当外荷载作用时,B 点沿 x_1, x_2 和 x_3 方向的位移分别用 Δ_{1P}, Δ_{2P} 和 Δ_{3P} 表示;则 x_1, x_2 和 x_3 三个方向上总的位移的表达式分别为

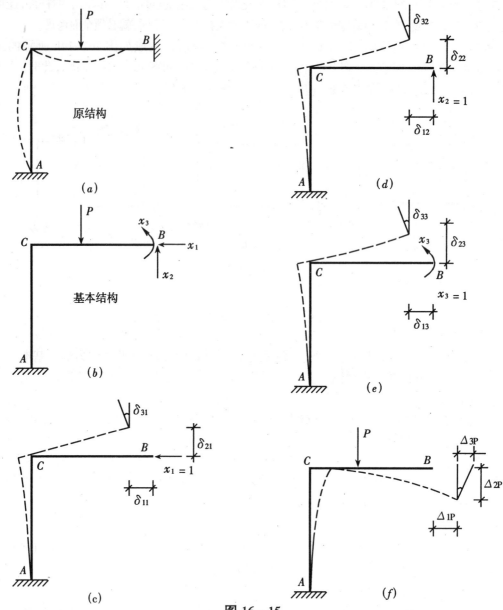

图 16 – 15

$$\left.\begin{aligned}\Delta_1 &= \delta_{11}x_1 + \delta_{12}x_2 + \delta_{13}x_3 + \Delta_{1P}\\\Delta_2 &= \delta_{21}x_1 + \delta_{22}x_2 + \delta_{23}x_3 + \Delta_{2P}\\\Delta_3 &= \delta_{31}x_1 + \delta_{32}x_2 + \delta_{33}x_3 + \Delta_{3P}\end{aligned}\right\}\qquad(b)$$

将式(b)代入式(a),则有

$$\left.\begin{aligned}\delta_{11}x_1 + \delta_{12}x_2 + \delta_{13}x_3 + \Delta_{1P} &= 0\\\delta_{21}x_1 + \delta_{22}x_2 + \delta_{23}x_3 + \Delta_{2P} &= 0\\\delta_{31}x_1 + \delta_{32}x_2 + \delta_{33}x_3 + \Delta_{3P} &= 0\end{aligned}\right\}\qquad(16-1)$$

式(16 – 1)就是为求解多余未知力 x_1,x_2 和 x_3 所需要建立的力法方程。其物理意义是:在基本结构中,由于全部多余未知力和已知荷载的共同作用,在去掉多余约束处的位移与原结构中相应处的位移相等。

对于 n 次超静定的结构，它具有 n 个多余未知力，相应地也就有 n 个已知的位移条件。用以上同样的分析方法，根据这 n 个已知位移条件，可以建立 n 个力法方程：

$$\left.\begin{array}{l}\Delta_1 = \delta_{11}x_1 + \delta_{12}x_2 + \cdots + \delta_{1i}x_i + \cdots + \delta_{1n}x_n + \Delta_{1P} \\ \Delta_2 = \delta_{21}x_1 + \delta_{22}x_2 + \cdots + \delta_{2i}x_i + \cdots + \delta_{2n}x_n + \Delta_{2P} \\ \cdots\cdots\cdots\cdots\cdots\cdots\cdots\cdots\cdots\cdots\cdots\cdots\cdots\cdots\cdots \\ \Delta_i = \delta_{i1}x_1 + \delta_{i2}x_2 + \cdots + \delta_{ii}x_i + \cdots + \delta_{in}x_n + \Delta_{ip} \\ \cdots\cdots\cdots\cdots\cdots\cdots\cdots\cdots\cdots\cdots\cdots\cdots\cdots\cdots\cdots \\ \Delta_n = \delta_{n1}x_1 + \delta_{n2}x_2 + \cdots + \delta_{ni}x_i + \cdots + \delta_{nn}x_n + \Delta_{np} \end{array}\right\} \quad (16-2)$$

当 n 个已知位移条件都等于零时，即 $\Delta_i = 0(i = 1,2,\cdots,n)$ 时，则式(16-2)为

$$\left.\begin{array}{l}\delta_{11}x_1 + \delta_{12}x_2 + \cdots + \delta_{1i}x_i + \cdots + \delta_{1n}x_n + \Delta_{1P} = 0 \\ \delta_{21}x_1 + \delta_{22}x_2 + \cdots + \delta_{2i}x_i + \cdots + \delta_{2n}x_n + \Delta_{2P} = 0 \\ \cdots\cdots\cdots\cdots\cdots\cdots\cdots\cdots\cdots\cdots\cdots\cdots\cdots\cdots\cdots \\ \delta_{i1}x_1 + \delta_{i2}x_2 + \cdots + \delta_{ii}x_i + \cdots + \delta_{in}x_n + \Delta_{iP} = 0 \\ \cdots\cdots\cdots\cdots\cdots\cdots\cdots\cdots\cdots\cdots\cdots\cdots\cdots\cdots\cdots \\ \delta_{n1}x_1 + \delta_{n2}x_2 + \cdots + \delta_{ni}x_i + \cdots + \delta_{nn}x_n + \Delta_{nP} = 0 \end{array}\right\} \quad (16-3)$$

式(16-2)及式(16-3)为力法方程的一般形式。解此方程组，即可求出多余力 $x_i(i = 1,2,\cdots,n)$。

在以上的方程组中，由左上角到右下角(不包括最后一项)所引的对角线称为主对角线。在主对角线上的系数 $\delta_{11}, \delta_{22}, \cdots, \delta_{ii}, \cdots, \delta_{nn}$ 称为主系数，主系数 δ_{ii} 均为正值，而且永不为零。在主对角线两侧的系数 $\delta_{ik}(i \neq k)$ 称为副系数，其值可正、可负也可为零。根据第十六章中位移互等定理，有

$$\delta_{ik} = \delta_{ki} \qquad (c)$$

式(16-1)，式(16-2)及式(16-3)中最后一项 Δ_{ip} 称为自由项(或称荷载项)。

上述方程组具有一定的规律，且具有副系数互等的关系。因此，通常又称为力法的典型方程。

因为基本结构是静定结构，力法典型方程中各系数和自由项都可按第十六章中求位移的方法求得。对于梁和刚架，由下列公式或图乘法进行计算：

$$\left.\begin{array}{l}\delta_{ii} = \sum \int \dfrac{\overline{M}_i^2 ds}{EI} \\[3mm] \delta_{ik} = \sum \int \dfrac{\overline{M}_i \overline{M}_k ds}{EI} \\[3mm] \Delta_{ip} = \sum \int \dfrac{\overline{M}_i \overline{M}_p ds}{EI} \end{array}\right\} \quad (d)$$

式中，$\overline{M}_i$，$\overline{M}_k$ 分别代表 $x_i = 1$ 及 $x_k = 1$ 在基本结构中所产生的弯矩；M_p 则表示外荷载作用在基本结构中所产生的弯矩。

由力法典型方程式解出多余力 $x_i(i = 1,2,\cdots,n)$ 后，就可用平衡条件解出原结构的反力

和内力,或按下述叠加公式求任一截面的弯矩。

$$M = \overrightarrow{M_1}x_1 + \overrightarrow{M_2}x_2 + \cdots + \overrightarrow{M_n}x_n + M_P$$

求出弯矩后,再由平衡条件求其剪力和轴力。

综合以上所述,用力法计算超静定结构的基本要点和步骤可归纳如下:

1.去掉原结构中的多余约束,并以多余未知力代替相应的多余约束的作用。这样就把原结构变为在多余未知力和荷载(或其他因素)共同作用下的静定结构(即基本结构)。

2.根据在原结构解除多余约束处的位移条件,建立力法的典型方程。

3.利用图形相乘法(或位移计算的公式),求出各系数和自由项,并代入典型方程求出多余力。

4.按分析静定结构的方法,由平衡条件或叠加公式,算出各杆的内力,绘出最后内力图。

例 16 – 2 试计算图 16 – 16a 所示的超静定刚架,并绘制内力图。

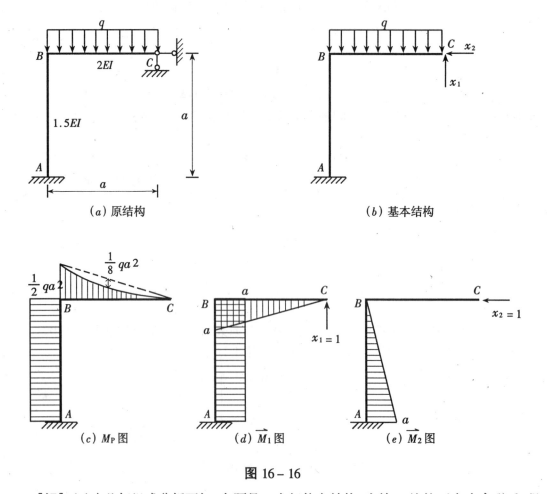

图 16 – 16

[**解**]:(1)由几何组成分析可知,本题是二次超静定结构,去掉 C 处的两个多余联系,得基本结构如图 16 – 16b 所示。

(2)建立力法方程。本结构在荷载和多余未知力作用下,应满足 C 点的水平和竖向位移为零的变形条件,建立力法方程

$$\delta_{11}x_1 + \delta_{12}x_2 + \Delta_{1P} = 0$$
$$\delta_{21}x_1 + \delta_{22}x_2 + \Delta_{2P} = 0$$

(3)求系数和自由项。先分别绘制基本结构在荷载作用下的 M_P 图(图16-6c)及单位力 $x_1=1,x_2=1$ 作用下的 $\overrightarrow{M_1}$ 图和 $\overrightarrow{M_2}$ 图(图16-16d,e),利用图乘法计算各系数和自由项,有

$$\delta_{11} = \frac{1}{1.5EI}(a \times a \times a) + \frac{1}{2EI}\left(a \times a \times \frac{1}{2} \times \frac{2}{3}a\right) = \frac{5a^3}{6EI}$$

$$\delta_{12} = \delta_{21} = \frac{1}{1.5EI}\left(a \times a \times \frac{1}{2}a\right) = \frac{a^3}{3EI}$$

$$\delta_{22} = \frac{1}{1.5EI}\left(\frac{1}{2} \times a \times a \times \frac{2}{3}a\right) = \frac{a^3}{4.5EI}$$

$$\Delta_{1P} = -\frac{1}{1.5EI}\left(\frac{1}{2}qa^2 \times a \times a\right) - \frac{1}{2EI}\left(\frac{1}{3} \times \frac{1}{2}qa^2 \times a \times \frac{3}{4}a\right) = -\frac{19qa^4}{48EI}$$

$$\Delta_{2P} = -\frac{1}{1.5EI}\left(\frac{1}{2}qa^2 \times a \times \frac{1}{2}a\right) = -\frac{qa^4}{6EI}$$

(4)求多余未知力。将上述各系数和自由项代入力法方程,整理后得

$$\frac{5}{6}x_1 + \frac{1}{3}x_2 - \frac{19}{48}qa = 0$$

$$\frac{1}{3}x_1 + \frac{2}{9}x_2 - \frac{1}{6}qa = 0$$

解得

$$x_1 = \frac{7}{16}qa \qquad x_2 = \frac{3}{32}qa$$

(5)绘制内力图。利用叠加公式 $M = \overrightarrow{M_1}x_1 + \overrightarrow{M_2}x_2 + M_P$,计算各杆端的弯矩值如下:

$$M_{CB} = 0$$

$$M_{BC} = \frac{7}{16}qa \times a - \frac{1}{2}qa^2 = -\frac{1}{16}qa^2(上拉)$$

$$M_{AB} = \frac{7}{16}qa \times a + \frac{3}{32}qa \times a - \frac{1}{2}qa^2 = \frac{1}{32}qa^2(右拉)$$

$$M_{BA} = M_{BC} = \frac{qa^2}{16}(左拉),绘制弯矩图如图16-17a所示。$$

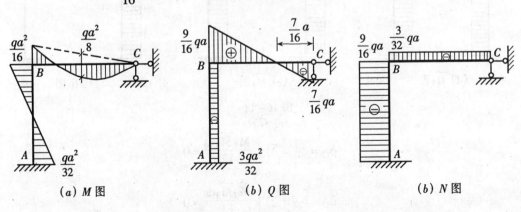

(a) M 图   (b) Q 图   (b) N 图

图 16-17

剪力和轴力按第十五章分析静定结构的方法,利用平衡条件计算,绘制剪力图和轴力图分别如图 16－17b,c 所示。

第五节　对称性的利用

用力法解算超静定结构时,结构的超静定次数愈高,多余未知力就愈多,计算工作量也就愈大。但在实际的建筑结构工程中,很多结构是对称的,我们可利用结构的对称性,适当地选取基本结构,使力法典型方程中尽可能多的副系数等于零,从而使计算工作得到简化。

当结构的几何形状、支座情况、杆件的截面及弹性模量等均对称于某一几何轴线时,则称此结构为对称结构。如图 16－18a 所示刚架为对称结构,可选取图 16－18b 所示的基本结构。即在对称轴处切开,以多余未知力 x_1,x_2,x_3 来代替所去掉的三个多余联系。相应的单位力弯矩图和荷载弯矩图分别如图 16－18c,d,e,f 所示,其中,x_1 和 x_2 为对称未知力;x_3 为反对称的未知力,显然,$\overrightarrow{M}_1$,$\overrightarrow{M}_2$ 图是对称图形;$\overrightarrow{M}_3$ 是反对称图形。由图形相乘可知:

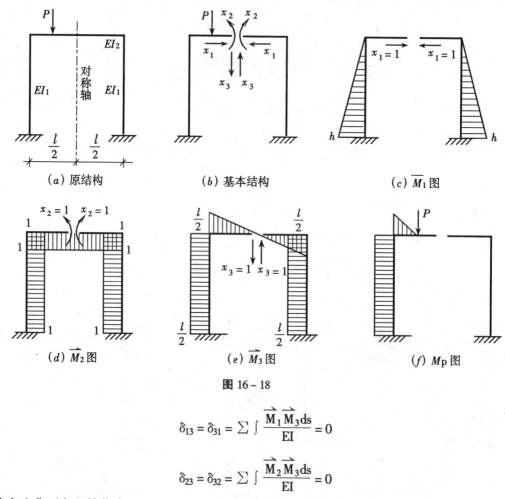

（a）原结构　　　　　（b）基本结构　　　　　（c）$\overrightarrow{M}_1$ 图

（d）$\overrightarrow{M}_2$ 图　　　　　（e）$\overrightarrow{M}_3$ 图　　　　　（f）M_P 图

图 16－18

$$\delta_{13} = \delta_{31} = \sum \int \frac{\overrightarrow{M}_1 \overrightarrow{M}_3 ds}{EI} = 0$$

$$\delta_{23} = \delta_{32} = \sum \int \frac{\overrightarrow{M}_2 \overrightarrow{M}_3 ds}{EI} = 0$$

故力法典型方程简化为

$$\delta_{11}x_1 + \delta_{12}x_2 + \Delta_{1P} = 0$$

$$\delta_{21}x_1 + \delta_{22}x_2 + \Delta_{2P} = 0$$

$$\delta_{33}x_3 + \Delta_{3P} = 0$$

由此可知,力法典型方程将分成两组:一组只包含对称的未知力,即 x_1,x_2;另一组只包含反对称的未知力 x_3。因此,解方程组的工作得到简化。

现在作用在结构上的外荷载是非对称的(如图 16 – 18a,f),若将此荷载分解为对称的和反对称的两种情况,如图 16 – 19a,b 所示,则计算还可进一步得到简化。

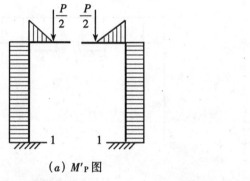

(a) M'_P 图　　　　　　　　　　　　　　(b) M''_P 图

图 16 – 19

1.外荷载对称时,使对称基本结构产生的弯矩图 M'_P 是对称的,则得

$$\Delta_{3P} = \sum \int \frac{\overrightarrow{M_3 M'_P}ds}{EI} = 0$$

从而得 $x_3 = 0$。这时只要计算对称多余未知力 x_1 和 x_2。

2.外荷载反对称时,使对称基本结构产生的弯矩图 M''_P 是反对称的,则得

$$\Delta_{1P} = \sum \int \frac{\overrightarrow{M_1 M''_P}ds}{EI} = 0$$

$$\Delta_{2P} = \sum \int \frac{\overrightarrow{M_2 M''_P}ds}{EI} = 0$$

因为 $\delta_{12} \neq 0, \delta_{11} \neq 0, \delta_{21} \neq 0, \delta_{22} \neq 0$

从而得

$$x_1 = x_2 = 0$$

这时,只要计算反对称的多余未知力 x_3。

从上述分析可得到如下结论:

1.在计算对称结构时,如果选取的多余未知力中一部分是对称的,另一部分是反对称的。则力法方程将分为两组:一组只包含正对称未知力;另一组只包含反对称未知力。

2.结构对称,若外荷载不对称时,可将外荷载分解为正对称荷载和反对称荷载,而分别计算然后叠加。这时,在正对称荷载作用下,反对称未知力为零,即只产生正对称内力及变形;在反对称荷载作用下,正对称未知力为零,即只产生反对称内力及变形。

所以,在计算对称结构时,我们可直接利用上述结论,可以使计算得到简化。下面具体

举例来说明如何应用上述结论。

例 16-3 利用对称性,计算图 16-20a 所示刚架,并绘最后弯矩图。

[解]:(1)此结构为三次超静定刚架,且结构及荷载均为对称。在对称轴处切开。取图 16-20b 所示的基本结构。由对称性的结论可知 $x_3 = 0$,只须考虑对称未知力 x_1 及 x_2。

(2)由切开处的位移条件,建立典型方程为

$$\delta_{11}x_1 + \delta_{12}x_2 + \Delta_{1P} = 0$$

$$\delta_{21}x_1 + \delta_{22}x_2 + \Delta_{2P} = 0$$

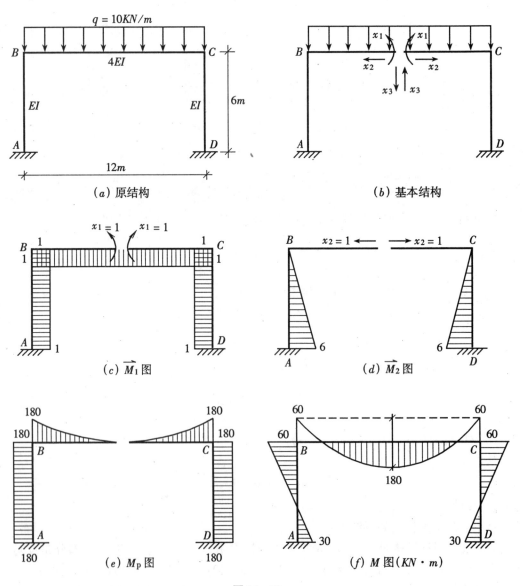

(a) 原结构

(b) 基本结构

(c) $\overrightarrow{M}_1$ 图

(d) $\overrightarrow{M}_2$ 图

(e) M_P 图

(f) M 图($KN \cdot m$)

图 16-20

(3)作 $\overrightarrow{M}_1$,$\overrightarrow{M}_2$,M_P 图(图 16-20c,d,e),利用图形相乘求系数和自由项,并解方程得 x_1,x_2。

$$\delta_{11} = 2\left(\frac{1}{EI} \times 6 \times 1 \times 1 + \frac{1}{4EI} \times 6 \times 1 \times 1\right) = \frac{15}{EI}$$

$$\delta_{22} = 2\left(\frac{1}{EI} \times 6 \times 6 \times \frac{1}{2} \times \frac{2}{3} \times 6\right) = \frac{144}{EI}$$

$$\delta_{12} = \delta_{21} = -2\left(\frac{1}{EI} \times 6 \times 1 \times \frac{1}{2} \times 6\right) = -\frac{36}{EI}$$

$$\Delta_{1P} = -2\left(\frac{1}{EI} \times 180 \times 6 \times 1 + \frac{1}{4EI} \times \frac{1}{3} \times 6 \times 180 \times 1\right)$$

$$= -\frac{2340}{EI}$$

$$\Delta_{2P} = -2\left(\frac{1}{EI} \times 180 \times 6 \times \frac{1}{2} \times 6\right) = \frac{-6480}{EI}$$

将各系数和自由项代入典型方程,解方程得

$$x_1 = 120KN \cdot m$$

$$x_2 = 15KN$$

(4)由叠加公式 $M = \overrightarrow{M}_1 x_1 + \overrightarrow{M}_2 x_2 + M_P$,求得各杆杆端弯矩值,绘最后弯矩图 M,如图 16 – 20f 所示。

第六节　超静定结构的位移计算及其最后内力图的校核

一、超静定结构的位移计算

在十六章,已经介绍了结构位移计算的一般方法,它不仅适用于静定结构,同时也适用于超静定结构。因为对于超静定结构,只要将求解的多余未知力当作荷载加到原结构的基本结构上,再去计算静定的基本结构在已知荷载以及多余力共同作用下的位移,所以这个位移也就是原超静定结构的位移。因此,计算超静定结构的位移问题,就变成求静定结构的位移问题。另外,由于基本结构是任意选取的,原来超静定结构的内力和位移,并不随选取不同的基本结构而改变,这样在计算超静定结构的位移时,可以任意选取一种比较简便的基本结构建立相应的虚设状态。

图 16 – 21a 所示刚架的弯矩图已在例题 16 – 2 中用力法解出。现仍以此题来说明在荷载作用下超静定结构的位移计算,若要求此刚架 B 截面的角位移,首先要建立虚设状态。即在所求 B 点加一单位力偶 $M_i = 1$,如图 16 – 21b 所示。这样还需要解在 $M_i = 1$ 作用下超静定结构的弯矩图,这是很麻烦的。由前所述也可选原结构的任一基本结构,建立相应的虚设状态。如图 16 – 21c 所示。为了利用图形相乘法求 B 截面的角位移,作实际位移状态的弯矩图。如图 16 – 21d 所示(由例 16 – 2 已解得的结果),以及单位力偶 $M_i = 1$ 作用在基本结构上的 $\overline{M}_i$ 图,如图 16 – 21c 所示。图乘后得 B 截面的角位移为

$$\Delta_{iP} = \varphi_B = \sum \int \frac{\overrightarrow{M_i} M ds}{1.5EI} = \frac{1}{1.5EI}\left[\left(\frac{1}{2} \times \frac{qa^2}{16} \times a \times 1\right) - \left(\frac{1}{2} \times \frac{qa^2}{32} \times a \times 1\right)\right]$$

$$= \frac{qa^3}{96EI}(\curvearrowright)$$

注意,公式中 M 为原超静定结构在已知的外荷载作用下的弯矩图(或弯矩方程)。

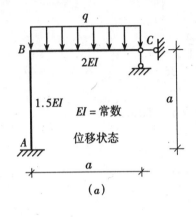

（a）

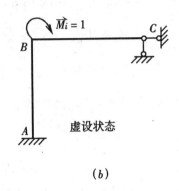

（b）

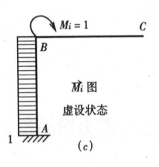

（c）

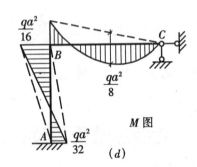

（d）

图 16 - 21

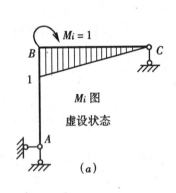

（a）

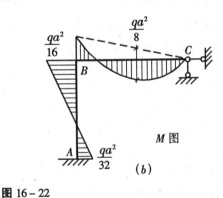

（b）

图 16 - 22

若虚设状态选取如图 16 - 22a 所示的基本结构,相应地作 $\overline{M}_i$ 图,原超静定结构在荷载作用下的弯矩图仍同前,即如图 16 - 22b 所示。两图相乘得 B 截面角位移为

$$\Delta_{iP} = \varphi_B = \sum \int \frac{\overline{M}_i M ds}{2EI}$$

$$= \frac{1}{2EI} \Big[\Big(-\frac{1}{2} \times a \times \frac{qa^2}{16} \times \frac{2}{3} \times 1 \Big) + \Big(\frac{2}{3} \times a \times \frac{qa^2}{8} \times \frac{1}{2} \Big) \Big]$$

$$= \frac{qa^3}{96EI} (\cap)$$

虽然二者结果一样,但选取后者为虚设状态,相对来讲计算较麻烦一些。

二、最后内力图的校核

由解算超静定结构内力的过程可知,超静定结构的内力图是几个内力图叠加而得到的,或多余未知力求出后由平衡条件得出超静定结构的最后内力。若多余未知力解算有错误,显然超静定结构内力图仍然是满足平衡条件。因此,超静定结构的内力图是否正确,满足平衡条件只是必要条件,而不是充分条件。也就是说,超静定结构的内力满足了平衡条件还不一定是正确的。这是因为在解算超静定结构内力时,不但要用到平衡条件,而且还用了位移或变形条件。因此,超静定结构最后内力是否正确,不但要满足平衡条件,而且必须满足位移或变形条件。

如例题 16-3 所计算的刚架,其最后弯矩图已解得(如图 16-23b 所示)。

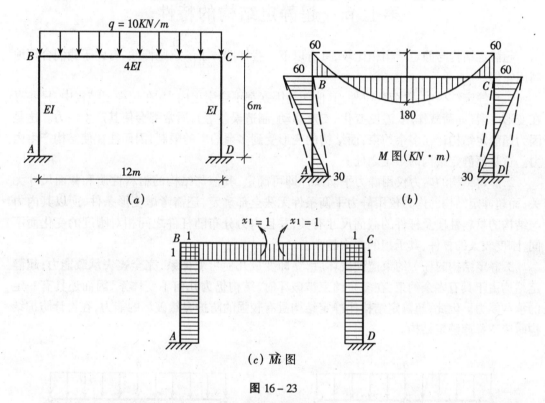

(a)

(b) M 图(KN·m)

(c) $\overline{M_i}$ 图

图 16-23

现校核最后弯矩图(如图 14-23b 所示)是否正确。结点 B,C 显然是满足平衡条件的,即从图 16-23b 知 $\sum M_B = 0$,$\sum M_C = 0$。再考虑是否满足位移条件,在梁任意处切开,由于梁水平,其任意横截面转角为零,所以其切口两边截面相对转角应该为零。若在横梁中间切开,建立虚设状态如图 16-23c 所示,在切口处加一对单位力偶,其相应的 $\overline{M_i}$ 图如图 16-23c 所示。则由 $\overline{M_i}$ 图和 M 图相乘得

$$\phi_{B-C} = \frac{2}{EI}\left(-\frac{1}{2} \times 6 \times 60 \times 1 + \frac{1}{2} \times 6 \times 30 \times 1\right) + \frac{1}{4EI}\left(\frac{2}{3} \times 12 \times 180 \times 1 - 60 \times 12 \times 1\right)$$

$$= -\frac{180}{EI} + \frac{360}{EI} - \frac{180}{EI} = 0$$

结果为零,即表示梁切开处两边截面没有相对转角位移,符合原结构的位移条件,所以最后弯矩图正确。

同样,也可用其他各处已知的位移条件进行校核。

最后应该说明一点,就是对于图 16-23a 在荷载作用下的闭合无铰结构,由图 16-23b 图与 c 图相乘,则有

$$\sum \int \frac{\overrightarrow{M}_i M ds}{EI} = \sum \int \frac{1 \times M ds}{EI} = \sum \int \frac{\omega}{EI} = 0$$

当 EI 为常数时,上式变为 $\sum \omega = 0$,式中,ω 为最后弯矩图的面积。显然,要满足位移条件,必须弯矩图内、外部分的面积相等。应用此结论,对闭合无铰的超静定结构进行位移条件的校核是十分简便的。

第七节 超静定结构的特性

超静定结构与静定结构相比较,具有以下一些特性。了解这些特性,有助于我们合理地利用它们。

1.在静定结构中,除荷载以外,其他任何因素都不会引起内力;在超静定结构中,只要存在变形因素(如荷载作用、温度变化、支座移动、制造误差等),通常都会使其产生内力。这是因为超静定结构存在多余约束,而结构的变形受到多余约束的限制,因而往往使结构产生内力。这是超静定结构的不足之处。

2.静定结构的内力仅用静力平衡条件即可确定,其值与结构的材料性质和截面尺寸无关;而超静定结构的内力仅用静力平衡条件无法全部确定,还需考虑变形条件,所以其内力与结构的材料性质及杆件的截面尺寸有关,并且内力分布随杆件之间相对刚度的变化而不同,刚度较大的杆件,其承担的内力越大。

3.静定结构的任一约束遭到破坏后,立即变成几何可变体系,完全丧失承载能力;超静定结构由于具有多余约束,在多余约束被破坏时,结构仍为几何不变体系,因而还具有一定的承载能力。因此,超静定结构比静定结构具有较强的防护突然破坏的能力,在设计防护结构时应选择超静定结构。

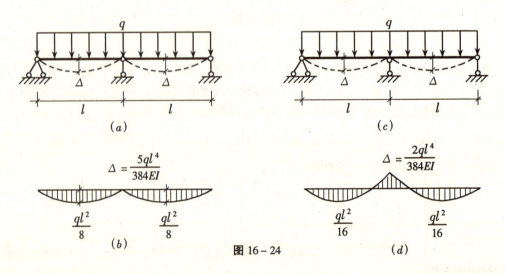

图 16-24

超静定结构由于存在多余约束,有多余约束力的影响,在荷载作用下,内力分布范围大,峰值小,且变形小,刚度大。如图 16-24a 为两跨的静定梁,各跨中的位移为 $\frac{5ql^4}{384EI}$。跨中弯矩为 $\frac{1}{8}ql^2$,如图 16-24b 所示。图 16-24c 为荷载相同跨度相等的两跨连续梁,是一次超静定结构,经计算各跨中的位移为 $\frac{2ql^4}{384EI}$,各跨中的弯矩为 $\frac{ql^2}{16}$(图 16-24d)。二者比较可知,在荷载和跨度相同的情况下,超静定梁所产生的变形小,内力分布也较均匀。

本章小结

一、超静定次数 = 把原结构变成静定结构所需去掉多余约束的数目。

超静定次数 n = 未知力的个数 - 静力平衡方程的个数。

因为在力法计算中通常是用去掉多余约束的方式来确定结构的超静定次数 n,并结合选定的基本体系。因此,四种去掉多余约束的方式,是极为有用的基本方法,务必很好掌握。

二、力法的基本原理主要在于力法的基本未知量(多余未知力),力法的基本体系和力法方程这三个环节。力法的主攻目标是多余未知力。多余未知力求出后,超静定问题就转化为静定问题。计算多余未知力的方法是:首先切断多余约束,以暴露多余未知力,然后根据变形几何条件求解出多余未知力。前者是选取基本体系,后者是列出力法方程并求解。

三、一个 n 次超静定结构共有 n 个多余未知力,需要 n 个变形几何条件。根据这 n 个变形几何条件,可以列出 n 个力法方程式。力法方程的几何意义是:基本体系在所有未知力及已知因素(荷载或支座移动等)的共同作用下,沿各未知力方向的位移应与原结构相同。方程中的每一项都有它的几何意义。例如,未知数项 $\delta_{12}x_2$ 所表示的是基本体系中由于 x_2 所产生的沿 x_1 方向的位移;其中系数 δ_{12} 表示 $x_2 = 1$ 所产生的沿 x_1 方向的位移自由项 Δ_{3p} 所表示的是基本体系中由于荷载所产生的沿 x_3 方向的位移。

四、计算系数 δ 和荷载作用下的自由项 Δ 时,应注意:对于同时受有弯矩、剪力和轴力的杆件来说,其轴力和剪力对位移的影响可以略去,而只考虑弯矩的影响;对于只受有轴力的杆件(例如桁架中的杆件及组合结构中的桁架式杆件等)则就必须考虑轴力对位移的影响。

五、超静定结构由于支座移动影响的计算,其基本原理和方法与荷载作用下的计算是相同的,唯一的区别在力法方程中自由项的计算。例如,自由项 Δ_{ic} 所表示的是基本体系由于支座移动沿 x_i 方向所产生的位移。再重复一遍:Δ_{ic} 所表示的是基本体系的支座移动所产生的位移。原结构有支座移动,基本体系不一定有支座移动。因此,必须根据所选定的基本体系来判别。因为 Δ_{ic} 表示的是静定结构由于支座移动所产生的位移,它是刚体的位移,可用几何方法计算;也可据虚功原理用式 $\Delta_{ic} = \sum \overrightarrow{R_i}\, C$ 计算。

六、多余未知力求出后,即可绘制原超静定结构内力图。内力图绘制方法有两种:其一是把求出的多余未知力也当作荷载,和原有的荷载一起加在基本体系上,然后按静定结构内力图的绘制方法绘出内力图;其二是利用计算系数和自由项时已作出的内力图,按叠加公式

$$M = \overrightarrow{M_1}x_1 + \overrightarrow{M_2}x_2 + \cdots + \overrightarrow{M_n}x_n + M_p$$

绘制内力图。

由于基本体系是静定结构,静定结构在支座移动影响下不会产生内力,所以超静定结构

在支座移动影响下的内力全是由多余未知力产生的。

七、本书所述的结构计算方法是建立在"手算"的基础上。"手算"是以机灵的计算技巧取胜的。力法计算的简化就是用力法计算超静定结构的技巧。简化的途径主要是对称性的利用。具体的方法是：首先选取对称的基本体系，如果多余未知力就在结构的对称轴上，则计算就可得到简化，如果多余未知力并非在对称轴上，则必须把多余未知力分解为成对的组合未知力(其中一组是对称的，另一组是反对称的)，才能使计算得到简化。

"对称结构在对称荷载作用下，只产生对称的未知力，反对称未知力为零；对称结构在反对称荷载作用下，只产生反对称未知力，对称的未知力为零。"这个结论对于简化对称结构的计算是十分重要的、务必牢记。

八、计算超静定结构位移的方法是先按超静定结构的计算方法，算出原超静定结构的内力并绘制内力图，然后任意选用一种静定结构作为原超静结构的基本体系，把单位力作用于基本体系上欲求位移处，再用图乘法算出位移。

思　考　题

16-1　试比较超静定结构与静定结构的异同，找出超静定结构的受力特征。

16-2　什么是力法的基本结构与基本未知量？如何选择基本结构？

16-3　力法方程的物理意义是什么？方程中系数和自由项的物理意义是什么？

16-4　举例说明用力法解超静定结构步骤？

16-5　力法方程中为什么主系数必为大于零的正值，而副系数可为正值亦可为负值或为零？

16-6　无荷载就没有内力，这结论在什么情况下适用？在什么情况下不适用？

16-7　计算超静定结构时，考虑支座移动的影响与考虑荷载作用的影响，两者有何异同？

16-8　图思 16-8 示一超静定梁、支座 A 产生转角 φ，支座 B 产生竖向位移 a，梁的 EI 为常数。试选取两种不同基本结构，分别列出相应的力法方程。说明方程式及各项系数和自由项的物理意义。

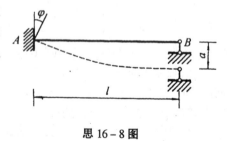

思 16-8 图

习　题

16-1　试确定图示结构的超静定次数。

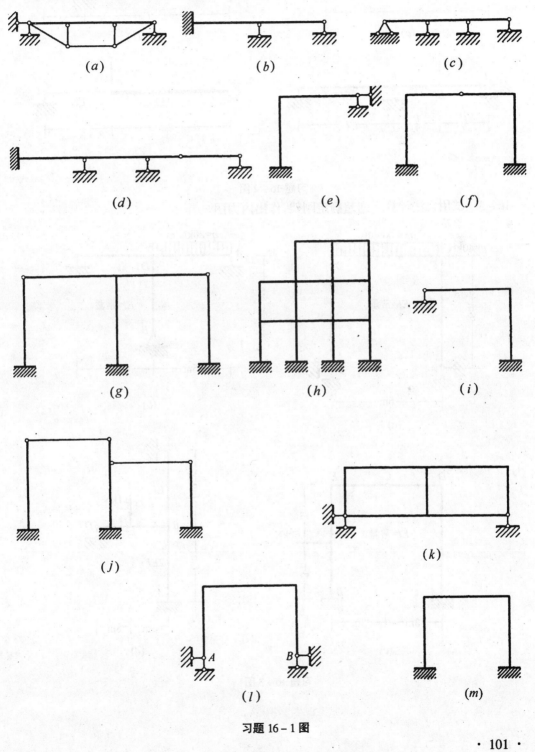

习题 16-1 图

16-2 试用力法计算图示超静定梁。

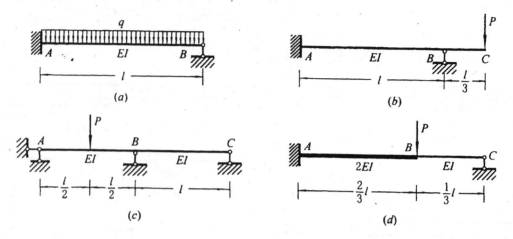

习题 16-2 图

16-3 试用力法计算下列超静定刚架,作出内力图。

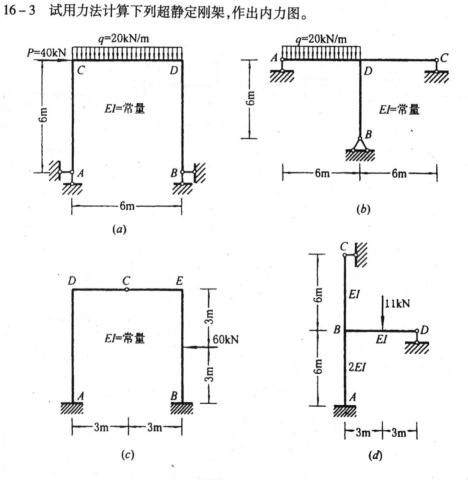

习题 16-3 图

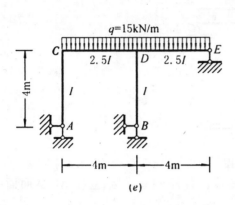

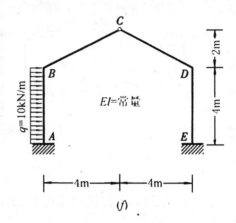

(e)

(f)

续习题 16-3 图

16-4 试用力法计算图示桁架。各杆 EA 相同。

16-5 计算图示桁架组合结构。已知：横梁 $E_h = 3 \times 10^7 kN/m^2$；$I = 6.63 \times 10^{-4} m^4$；$A_1 = 8.28 \times 10^{-2} m^2$，压杆 CE、DF：$E_h = 3 \times 10^7 kN/m^2$；$A_2 = 1.65 \times 10^{-2} m^2$；拉杆 AE、EF、FB：$E_g = 2 \times 10^8 kN/m^2$；$A_3 = 0.12 \times 10^{-2} m^2$。

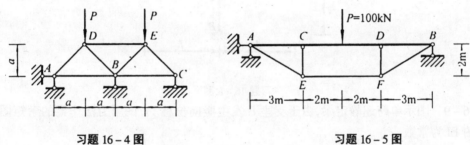

习题 16-4 图   习题 16-5 图

16-6 试用力法计算下列排架，作出弯矩图。

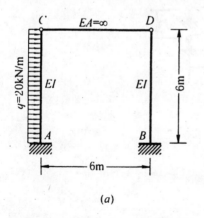

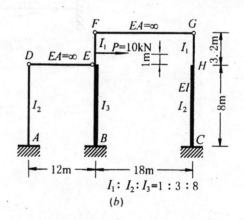

$I_1 : I_2 : I_3 = 1 : 3 : 8$

(a)   (b)

习题 16-6 图

16-7 试用力法计算超静定刚架,作出剪力图,弯矩图。

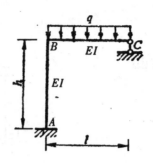

习题 16-7 图

16-8 试用力法作图示结构中 CD 梁的弯矩图。各杆 EI = 常数,立柱 AB 截面面积 $A = \dfrac{I}{l^2}$。

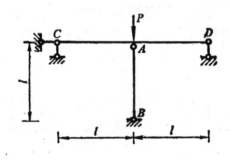

习题 16-8 图

16-9 图示单跨超静定梁,由于支座 B 发生竖向位移 △,试用力法作梁的弯矩图。已知梁的 EI 为常数。

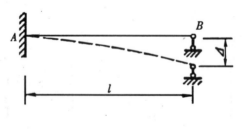

习题 16-9 图

16-10 利用对称性计算图示结构,并绘出弯矩图。

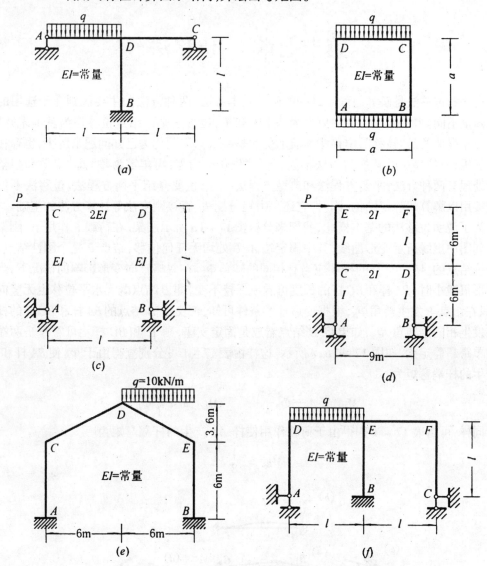

习题 16-10 图

第十七章　位移法

　　力法和位移法是解算超静定结构的两种基本方法。两种方法的主要区别在于选用的基本未知量不同。力法是以多余约束力为基本未知量,位移法则以结点位移作为基本未知量。力法思路强调的是"转移",位移法本质上仍然是将未知问题化为已知问题来解决,也存在转换的思想,但位移法的转换与力法不同,它是"先化整为零,再集零为整"即"离散和归整"。具体处理有两种方法:平衡方程法和典型方程法,本章主要介绍平衡方程法。位移法不仅可以直接用以解算超静定结构,同时,它还是力矩分配法、直接刚度法等计算方法的基础。

　　为了说明位移法的基本概念,我们来分析图 17 – 1a 所示刚架。在荷载 P 作用下,刚架将产生如图中虚线所示变形曲线,其中固定端 A、C 处均无任何位移,结点 B 是个刚性结点,汇交于该结点的 AB、BC 杆的杆端应当有相同的转角 Φ_B。在忽略轴向变形影响的情况下,当实际变形很微小时,BA 杆和 BC 杆的长度可看成保持不变,即 B 结点既无水平位移也无竖向位移,只在结点 B 发生转角 Φ_B,根据变形连续条件可知,汇交于 B 结点的 BA 杆和 BC 杆的杆端亦将发生相同的转角 Φ_B,如果将 B 结点看成是固定支座,则 B 和 BC 杆均可看作是两端固定的单跨超静定梁,如图 17 – 1b, c 所示。这样由表 17 – 1 可分别查得由于 Φ_B 使 BA 杆和 BC 杆产生的杆端弯矩为

$$M_{BA} = 4\frac{EI}{h}\Phi_B \qquad\qquad M_{BC} = 4\frac{EI}{l}\Phi_B$$

同样,可由表 17 – 1 查得由于荷载作用使杆 BA 产生的杆端弯矩为

$$M_{BA} = \frac{1}{8}Ph$$

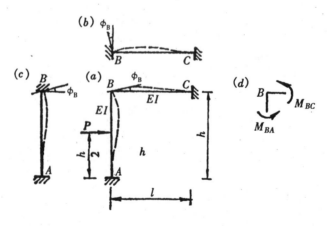

图 17 – 1

于是在荷载和结点转角共用作用下,根据叠加原理,杆端弯矩的计算公式为

$$M_{BA} = 4\frac{EI}{h}\Phi_B + |\frac{1}{8}Ph \atop M_{BC} = 4\frac{EI}{l}\Phi_B} \tag{a}$$

为了求得 Φ_B，可以取结点 B 为脱离体画弯矩示力图如图 17 – 1d 所示，由结点 B 的力矩平衡条件 $\sum M_B = 0$ 得

$$M_{BA} + M_{BC} = 0 \tag{b}$$

将（a）式各值代入（b）式得

$$4EI\left(\frac{1}{l} + \frac{1}{h}\right)\Phi_B + \frac{1}{8}Ph = 0 \tag{c}$$

解得角位移为

$$\Phi_B = \frac{-Ph^2l}{32(l+h)EI}$$

将此值代入（a）式便可求得各杆的杆端弯矩值为

$$M_{BA} = \frac{Ph^2}{8(l+h)} \qquad M_{BC} = \frac{-Ph^2}{8(l+h)}$$

最后可根据杆端弯矩和荷载画弯矩图。

由上述解算过程可见，位移法的基本思路是：根据结构及其在荷载作用下的变形情况，确定结点位移为基本未知量；进而将整体结构划分成若干根单元杆件（如 BC 杆和 BA 杆），这每根杆均可看作单跨超静定梁；查表 17 – 1 建立这些杆件的杆端弯矩与结点位移（如 Φ_B）以及荷载之间的关系式 [如式（a）]；然后利用平衡条件建立求解结点位移的方程式 [如式（b）]；求出结点位移的数值后，便可进一步求出各杆的杆端弯矩；最后根据杆端弯矩和荷载便可画出弯矩图。本章将按照这个思路讨论：1. 确定位移法的基本未知量；2. 计算单跨超静定梁在杆端发生各种位移以及在各种荷载作用下的内力；3. 在各种不同受力情况下如何利用平衡条件建立求解结点位移的方程等问题。

第一节 位移法的基本未知量

位移法的基本未知量是结点位移。选择哪些结点位移作为位移法的基本未知量是位移法解题的关键。结点位移有两种，即结点转角和独立结点线位移。

一、结点转角

结点转角是位移法计算的基本未知量之一。结构中，相交于同一刚结点处，各杆的杆端转角是相等的。如图 17 – 2a 所示刚架中的 B 结点是刚性结点，根据变形的连续条件知，BC 杆的 B 端转角、BA 杆 B 端转角和 BD 杆 B 端的转角彼此相等。因此，每个刚结点处只有一个独立的结点转角未知量。

位移法中结点转角未知量的数目等于该结构的刚结点数。如图 17 – 2a 所示刚架，共有 A、B、C、D 四个结点。观察可见，A、D、C 是固定端支座，其位移均已知为零，不需作为未知量，因此只有刚结点 B 的转角 Φ_B 一个基本未知量。又如图 17 – 2b 所示连续梁的 B、C 处是刚结点，A、D 为铰支座。由于铰支座不约束转动，其转角将随 B、C

处转角而变化，不独立，不作为基本未知量。于是连续梁只有刚结点 B、C 的转角 Φ_B、Φ_C 两个基本未知量。

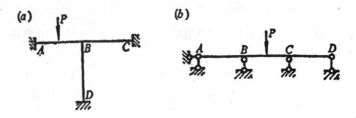

图 17-2

二、独立结点线位移

独立结点线位移是位移法计算中的另一种基本未知量。

用位移法计算刚架时，为了确定其独立结点线位移的数目，常作如下几项假定：

(1) 忽略由轴力引起的变形；

(2) 结点转角 Φ 和各杆的弦转角 φ 都很小；

(3) 直杆变形后，曲线两端的连线长度等于原直线长度。

通常，确定独立结点线位移的数目有两种方法，现分述如下。

1. 直观判断

对于一般刚架，独立结点线位移的数目可直接通过观察确定。如图 17-3a 所示刚架，当不考虑各杆长度变化时，结点 B 和结点 C 均无竖向位移，同时，结点 B 的水平位移 Δ_B 和结点 C 的水平位移 Δ_C 亦应当相等，可以用同一个符号 Δ 代替。因此，只有一个独立结点线位移。同样，图 17-3b 所示两层刚架，结点 A、B 的水平线位移彼此相等，可用 Δ_1 表示；结点 C、D 的水平线位移彼此相等，可用 Δ_2 表示。因此，图 17-3b 所示两层刚架的独立结点线位移数目有两个，即 Δ_1、Δ_2。由此可见，对于多层刚架，独立结点线位移的数目等于刚架的层数。

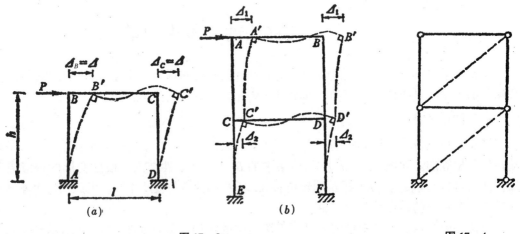

图 17-3   图 17-4

2. 铰化结点判定

对于比较复杂的刚架，首先把该刚架的各刚结点全部改为铰结点（包括固定端改为铰支座）。然后进行几何构造分析，如果此铰接体系仍然是几何不变体系，说明原结构是没有结点线位移的。若需增加链杆才能组成几何不变体系，则所需增加的链杆数就等于原结构的独立结点线位移的数目。例如图 17 – 3b 所示刚架，把所有刚结点都改为铰结点得如图 17 – 4 所示体系。此体系需增加图中虚线所示两根链杆才能组成几何不变体系。于是得到与直观判断一样的结论。即图 17 – 3b 所示结构有两个独立结点线位移。

三、位移法基本未知量

一般情况下，位移法基本未知量包括结点转角和独立结点线位移。如图 17 – 3a 所示刚架的基本未知量是：结点 B 和结点 C 的转角 Φ_B 和 Φ_C 及独立结点线位移 Δ 等三个。图 17 – 3b 所示刚架的基本未知量是：结点 A、B、C、D 的转角 Φ_A、Φ_B、Φ_C、Φ_D 和独立结点线位移 Δ_1、Δ_2 等共六个。

由以上各例可见，分别确定所论结构的结点转角和独立结点线位移数，其总和即为该结构的基本未知量数。

第二节　等截面直杆的转角位移方程

反映杆端内力 M (Q) 与杆端位移 Φ_i 或线位移 Δ_i 及杆上外荷载之间的关系式称等截面直杆的转角位移方程。常见的单跨超静定梁，根据其支座情况不同，可能有如图 17 – 5a 所示三种形式，图 17 – 5a 所示为两端固定的梁；图 17 – 5b 所示的为一端固定另一端为铰支的梁；图 17 – 5c 所示的一端固定，另一端为滑动支座的梁。这三种形式的梁在各种荷载作用下，或由于其它因素影响，所引起的杆端弯矩和杆端剪力值均可用力法求得。表 17 – 1 给出各种等截面单跨超静定梁，在各种不同荷载作用下及支座移动等情况下，所引起的杆端弯矩和杆剪剪力值。

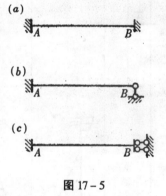

图 17 – 5

说明：（1）杆端弯矩和杆端剪力使用双脚标，其中第一个脚标表示该杆端弯矩（或杆端剪力）所在杆端的名称；两个脚标一起表示该标端弯矩（或杆端剪力）所属杆件的名称。

（2）表中杆端弯矩以对杆端顺时针转向为正，反之为负；杆端剪力以使杆件产生顺时针转动效果为正，反之为负。

（3）表中杆端弯矩和杆端剪力是按表中图示荷载方向或支座移动情况求得的，当荷载或支座位移方向相反时，其相应的杆端弯矩和杆端剪力亦应相应的改变正、负号。

（4）由于一端固定另一端为铰支座的梁，和一端固定另一端为链杆支座的梁，在垂直于梁轴的荷载作用下，两者的内力数植相等。因此，表中所列的一端固定另一端为链杆支座的梁，在垂直于梁轴荷载作用下的杆端弯矩和杆端剪力值，也适用于一端固定另一端为固定铰支座的梁。

表 17 – 1　单跨超静定梁杆端弯矩和杆端剪力

编号	梁的简图	弯矩图	杆端弯矩 M_{AB}	杆端弯矩 M_{BA}	杆端剪力 Q_{AB}	杆端剪力 Q_{BA}
1 形常数	$\phi=1$		$\dfrac{4EI}{l}=4i$	$2i$ $\left(i=\dfrac{EI}{l}\text{以下同}\right)$	$-\dfrac{6i}{l}$	$-\dfrac{6i}{l}$
2 形常数			$-\dfrac{6i}{l}$	$-\dfrac{6i}{l}$	$\dfrac{12i}{l^2}$	$\dfrac{12i}{l^2}$
3 载常数			$-\dfrac{Pab^2}{l^2}$ 当 $a=b$ 时 $-Pl/8$	$\dfrac{Pa^2b}{l^2}$ $\dfrac{Pl}{8}$	$\dfrac{Pb^2}{l^2}\left(1+\dfrac{2a}{l}\right)$ $\dfrac{P}{2}$	$-\dfrac{Pa^2}{l^2}\left(1+\dfrac{2b}{l}\right)$ $-\dfrac{P}{2}$
4 载常数			$-\dfrac{ql^2}{3}$	$-\dfrac{ql^2}{6}$	ql	0
5 载常数			$\dfrac{Mb(3a-l)}{l^2}$	$\dfrac{Ma(3b-l)}{l^2}$	$-\dfrac{6ab}{l^2}M$	$-\dfrac{6ab}{l^2}M$
6 形常数	$\phi=1$		$3i$	0	$-\dfrac{3i}{l}$	$-\dfrac{3i}{l}$

续表

编号	梁的简图	弯矩图	杆端弯矩		杆端剪力	
			M_{AB}	M_{BA}	Q_{AB}	Q_{BA}
7 形常数			$-\dfrac{3i}{l}$	0	$\dfrac{3i}{l^2}$	$\dfrac{3i}{l^2}$
8 载常数			$-\dfrac{Pab(l+b)}{2l^2}$ 当 $a=b=\dfrac{l}{2}$ 时 $-3Pl/16$	0	$-\dfrac{Pb(3l^2-b^2)}{2l^3}$ $\dfrac{11}{16}P$	$-\dfrac{Pa^2(2l+b)}{2l^3}$ $-\dfrac{5}{16}P$
9 载常数			$-\dfrac{ql^2}{12}$	$\dfrac{ql^2}{12}$	$\dfrac{ql}{2}$	$-\dfrac{ql}{2}$
10 载常数			$-mb(2a-b)/l^2$	$ma(2b-a)/l^2$	$-6ab\cdot M/l^3$	$-6a\cdot b\cdot M/l^3$
11 形常数			i	$-i$	0	0
12 载常数			$-\dfrac{Pl}{2}$	$-\dfrac{Pl}{2}$	P	P

续表

编 号	梁 的 简 图	弯 矩 图	杆 端 弯 矩		杆 端 剪 力	
			M_{AB}	M_{BA}	Q_{AB}	Q_{BA}
13 载常数	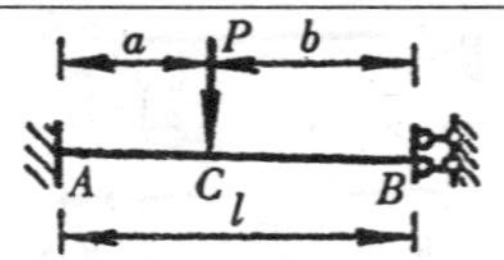	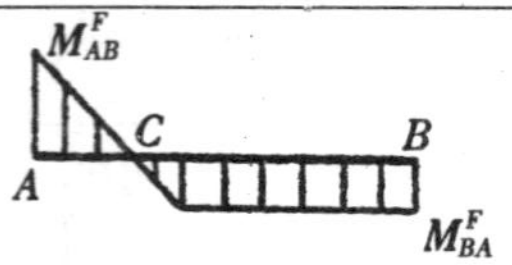	$-\dfrac{Pa(l+b)}{2l}$ 当 $a=b$ 时 $-\dfrac{3Pl}{8}$	$-\dfrac{P}{2l^2}a^2$ $-\dfrac{Pl}{8}$	P	0
14 载常数	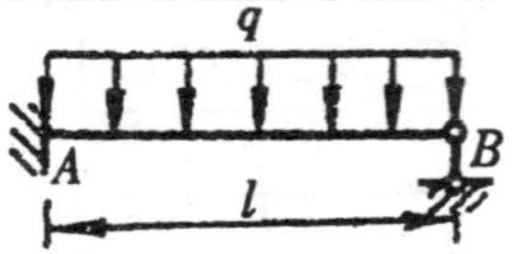		$-\dfrac{ql^2}{8}$	0	$\dfrac{5}{8}ql$	$-\dfrac{3}{8}ql$

说明：（1）杆端弯矩和杆端剪力使用双脚标，其中第一个脚标表示该杆端弯矩（或杆端剪力）所在杆端的名称；两个脚标一起表示该标端弯矩（或杆端剪力）所属杆件的名称。

（2）表中杆端弯矩以对杆端顺时针转向为正，反之为负；杆端剪力以使杆件产生顺时针转动效果为正，反之为负。

（3）表中杆端弯矩和杆端剪力是按表中图示情况求得的，当荷载或支座位移方向相反时，其相应的杆端弯矩和杆端剪力亦应相应的改变正、负号。

（4）由于一端固定另一端为铰支座的梁，和一端固定另一端为链杆支座的梁，在垂直于梁轴的荷载作用下，两者的内力数值相等。因此，表中所列的一端固定另一端为铰支座的梁，在垂直于梁轴轴荷载作用下的杆端弯矩和杆端剪力值，也适用于一端固定另一端为链杆支座的梁。

一、杆端位移引起的杆端力

图 17-6a 所示刚架结构承受荷载后，任取其中 AB 单元杆件如图 17-6b 所示（图中未画轴力和剪力）。用 M_{AB} 和 M_{BA} 表示杆端弯矩。将杆在两端切开，在切口处画出杆端弯矩。杆端弯矩正、负号规定如下：对于杆件而言，杆端弯矩以顺时针转向为正；对于结点和支座而言，杆端弯矩以逆时针转向为正。图 17-6b 所画的杆端弯矩都是正号的。这样的杆端弯矩使杆件左端下侧受拉，右端上侧受拉为正。应特别注意的是：这种对弯矩正、负号的规定，只适用于杆端弯矩，对于杆间任一截面仍不需标明正、负号，只是画弯矩图时应将弯矩画在杆件受拉一侧。

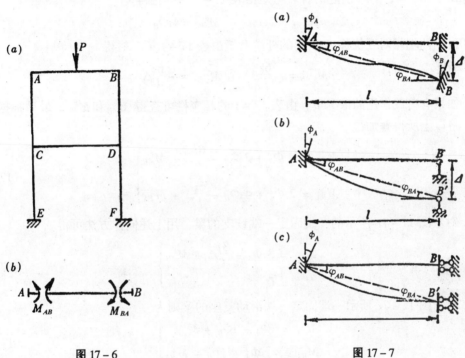

图 17-6   图 17-7

图 17-7a 所示两端固定的梁 AB，当 A 端发生转角 Φ_A，B 端发生转角 Φ_B，两端产生垂直于梁油的相对线位移 Δ 时，其中 AB' 与水平方向的夹角称为弦转角，用 φ_{AB} 或 φ_{BA} 表示。以上各种位移的正、负号规定如下：杆端转角 Φ_A、Φ_B 以及弦转角 φ_{AB}、φ_{BA} 都以顺时针转向为正；线位移 Δ 的正、负号应与弦转角 φ_{AB} 一致，即右端下沉，左端上升为正，图 6-6 中所画的各种位移都是正的。

为了使用方便，用力法将图 17-7 中各种结构，当杆端产生各种单位正位移时，所引起的杆端弯矩及杆端剪力值计算出，并列于表 17-1 中。使用时须注意该表说明。

二、固端弯矩和固端剪力

对于图 17-5 所示三种支承形式的梁，在各种荷载作用下的杆端弯矩和杆端剪力称为固端弯矩和固端剪力。固端弯矩用 M_{AB}^F 和 M_{BA}^F 表示，固端剪力用 Q_{AB}^F 和 Q_{BA}^F 表示。表 17-1 给出等截面各种单跨超静定梁在各种不同荷载征的固端弯矩、固端剪力及杆端发生各种单位正位移时的杆端弯矩、杆端剪力。查用时应注意该表的说明。

三、等截面直杆的转角位移主程

上述三种等截面梁，在有荷载作用，同时又发生杆端转角和垂直于杆轴的杆端相对线位移时，根据叠加原理，所引起的杆端弯矩应该是由 17 – 1 查得杆端位移所引起的杆端弯矩和固端弯矩相叠加。例如

1. 对于图 17 – 7a 所示两端固定梁

①由于 A 端转角 Φ_A 引起的杆端弯矩由表 17 – 1 第一栏查得为

$$M'_{AB} = 4i\Phi_A \qquad M'_{BA} = 2i\Phi_A$$

②由于 B 端转角 Φ_A 引起的杆端弯矩由表 17 – 1 第一栏得

$$M''_{AB} = 2i\Phi_B \qquad M''_{BA} = 4i\Phi_B$$

③由于两端相对互位移 Δ 引起的杆端弯矩由表 17 – 1 第二栏得

$$M'''_{AB} = -\frac{6i}{l}\Delta \qquad M'''_{BA} = -\frac{6i}{l}\Delta$$

④如果有荷载作用的情况下，由表 17 – 1 的相应栏可查得 M^{F}_{AB} 和 M^{F}_{BA}，最后根据叠加原理，将以上所得叠加得

$$\left. \begin{aligned} M_{AB} &= 4i\Phi_A + 2i\Phi_B - \frac{6i}{l}\Delta + M^{\mathrm{F}}_{AB} \\ M_{BA} &= 2i\Phi_A + 4i\Phi_B - \frac{6i}{l}\Delta + M^{\mathrm{F}}_{BA} \end{aligned} \right\} \tag{17 – 1}$$

2. 对于图 17 – 7b 所示的一端固定一端铰支的梁，用上述同样方法可得

$$\left. \begin{aligned} M_{AB} &= 3i\Phi_A - \frac{3i}{l}\Delta + M^{\mathrm{F}}_{AB} \\ M_{BA} &= 0 \end{aligned} \right\} \tag{17 – 2}$$

3. 对于图 17 – 7c 所示一端固定一端滑动支座的梁则为

$$\left. \begin{aligned} M_{AB} &= i\Phi_A - i\Phi_B + M^{\mathrm{F}}_{AB} \\ M_{BA} &= -i\Phi_A + i\Phi_B + M^{\mathrm{F}}_{BA} \end{aligned} \right\} \tag{17 – 3}$$

式 (17 – 1)、式 (17 – 2) 和式 (17 – 3) 分别是常用的不同支座形式的等截面单跨超静定梁杆端弯矩的一般计算公式并称为转角位移方程。

第三节　无侧移刚架计算

如图 17 – 2a 及图 17 – 2b 所示的刚架和连续梁，在任何荷载作用下，都是没有结点线位移的结构。图 17 – 8 所示刚架结构本身是有结点线位移的，但在图示对称荷载作用下，其变形曲线如图中虚线所示，结点 B 和 C 既无垂直线位移，也无水平线位移。可见，有时从结构的构造情况看，可能有结点线位移，但在某些特殊荷载作用下（例如对称荷载），实际上也不可能产生结点线位移。所以，判断一个结构在荷载作用下，是否存在结点线位移，需从结构和荷载两方面分析。

以图 17 – 9a 所示无侧移刚架为例说明位移法的解题步骤。

用位移法画这个刚架的弯矩图时，其解题步骤如下：

1. 确定基本未知量

在荷载作用下，只有结点 B 的转角 Φ_B 一个基本未知量。

2. 列各单跨超静定梁的转角位移方程

(2) 根据各杆的结构形式与杆端位移，由表 17-1 查得各杆的杆端弯矩为：

AB 杆相当于一端固定，一端铰支的梁；由 Φ_B 产生的杆端弯矩为

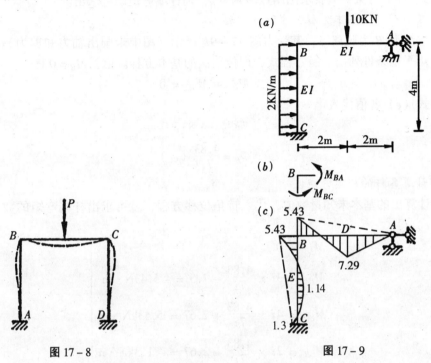

图 17-8　　　　　　　　　　　图 17-9

$$\left.\begin{array}{l} M_{AB} = 0 \\ M_{BA} = 3i\Phi_B \end{array}\right\} \tag{a}$$

BC 杆相当于两端固定的梁，由 Φ_B 产生的杆端弯矩为

$$\left.\begin{array}{l} M_{BC} = 4i\Phi_B \\ M_{CB} = 2i\Phi_B \end{array}\right\} \tag{b}$$

(2) 根据各杆的结构形式和所承担的荷载，由表 17-1 查得各杆的固端弯矩为

AB 杆：

$$\left.\begin{array}{l} M_{AB}^{F} = 0 \\ M_{BA}^{F} = -\dfrac{3}{16}Pl = -\dfrac{3}{16} \times 10 \times 4 = -7.5\,\text{kN} \cdot \text{m} \end{array}\right\} \tag{c}$$

BC 杆：

$$M_{BC}^{F} = -M_{CB}^{F} = \dfrac{ql^2}{12} = \dfrac{2 \times 4^2}{12} = 2.67\,kN \cdot m \tag{d}$$

(3) 叠加式 (a)、(c) 和 (b)、(d) 得转角位移方程为

$$M_{AB} = 0$$
$$M_{BA} = 3i\Phi_B - 7.5$$
$$M_{BC} = 4i\Phi_B + 2.67$$
$$M_{CB} = 2i\Phi_B - 2.67$$

(e)

由式（e）可见，只要求出结点转角 Φ_B，则杆端弯矩即可求出。

3. 建立位移法基本方程，求结点位移 Φ_B

截取结点 B 为脱离体，其受力图 17 - 9b 所示（图中未画出轴力和剪力）。利用结点 B 的力矩平衡条件列出平衡方程式，即位移法的基本方程。由 $\sum M_B = 0$ 得

$$M_{BA} + M_{BC} = 0 \qquad\qquad (f)$$

将式（e）各值代入得

$$7i\Phi_B - 4.83 = 0$$

$$\Phi_B = \frac{4.83}{7i} \quad (\downarrow)$$

4. 计算各杆的杆端弯矩值

将计算出的基本未知量数值，代入转角位移方程，就可求出杆端弯矩的数值。将 Φ_B 代入（e）得

$$M_{AB} = 0$$
$$M_{BA} = 3i \times \frac{4.83}{7i} - 7.5 = -5.43 \text{N} \cdot \text{m}$$
$$M_{BC} = 4i \times \frac{4.83}{7i} + 2.67 = 5.43 \text{kN} \cdot \text{m}$$
$$M_{CB} = 2i \times \frac{4,83}{7i} - 2.67 = -1.3 \text{kN} \cdot \text{m}$$

(g)

5. 根据式（g）所得杆端弯矩数值画 M 图

首先将各杆的杆端弯矩图画在受拉的一边如图 17 - 9c 所示，然后以每根杆为单元画出弯矩图。如 AB 杆的弯矩图，是以 AB 杆的杆端弯矩的连线作为基线，再将 AB 杆看成为简支梁，求出集中荷载作用处的弯矩值 $M'_D = \frac{Pl}{4}$。再与该简支梁的杆端弯矩作用下的弯矩值 $M''_D = -\frac{M_{BA}}{2}$ 相叠加得

$$M_D = M'_D + M''_D = \frac{Pl}{4} - \frac{M_{BA}}{2} = \frac{10 \times 4}{4} - \frac{5.43}{4} - \frac{5.43}{2} = 7.29 \text{kN} \cdot \text{m}$$

同理画 BC 杆的弯矩图时，将 BC 杆看成为简支梁，分别求出简支梁单独在荷载和杆端弯矩作用下，截面 E 的弯矩值相叠加得

$$M_B = \frac{ql^2}{8} - \frac{5.43 - 0.29}{2} = 1.14 \text{kN} \cdot \text{m}$$

画得弯矩图如图 17 - 9c 所示。

由以上计算可见，在刚结点 B 处有一个结点转角作为基本未知量，同时写出这个刚结点处的力矩平衡方程作为基本方程。于是基本方程的个数和基本未知量的个数彼此相等，且一一对应。因此，全部基本未知量可解出。

例 17 - 1　试作图 17 - 10a 所示连续梁的弯矩图。各杆 $EI =$ 常数。

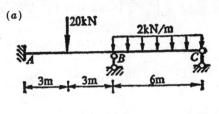

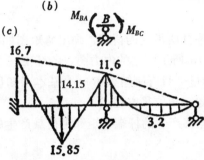

图 17-10

解　(1) 确定基本未知量

只有结点 B 是刚性结点，故取 Φ_B 为基本未知量。

(2) 列各单跨超静定梁转角位移方程

为了简便起见，可由 17-1 查出由杆端位移产生的杆端弯矩和由荷载产生的固端弯矩相叠加，直接得转角位移方程为

$$
\left.
\begin{aligned}
M_{AB} &= 2i\Phi_B - \frac{1}{8}Pl = \frac{1}{3}EI\Phi_B - \frac{1}{8} \times 20 \times 6 = \frac{1}{3}EI\Phi_B - 15 \\
M_{BA} &= 4i\Phi_B + \frac{1}{8}Pl = \frac{2}{3}EI\Phi_B + \frac{1}{8} \times 20 \times 6 = \frac{2}{3}EI\Phi_B + 15 \\
M_{BC} &= 3i\Phi_B - \frac{1}{8}ql^2 = \frac{1}{2}EI\Phi_B - \frac{1}{8} \times 2 \times 6^2 = \frac{1}{2}EI\Phi_B - 9 \\
M_{CB} &= 0
\end{aligned}
\right\} \qquad (a)
$$

(3) 建立位移法基本方程求结点位移

截取结点 B 为脱离体，画受力图 17-10b 所示。由 $\sum M_B = 0$ 得 $M_{BA} + M_{BC} = 0$，将式 (a) 相应的值代入得

$$
\frac{2}{3}EI\Phi_B + 15 + \frac{1}{2}EI\Phi_B - 9 = 0
$$

$$
\frac{7}{6}EI\Phi_B + 6 = 0
$$

$$
EI\Phi_B = -\frac{36}{7}
$$

(4) 计算各杆的杆端弯矩

将 $EI\Phi_B$ 的数值代入转角位移方程得各杆端弯矩为

$$M_{AB} = \frac{1}{3} \times \left(-\frac{36}{7} \right) - 15 = -16.7 \text{kN} \cdot \text{m}$$

$$M_{BA} = \frac{2}{3} \times \left(-\frac{36}{7} \right) + 15 = 11.6 \text{kN} \cdot \text{m}$$

$$M_{BC} = \frac{1}{2} \times \left(-\frac{36}{7} \right) - 9 = -11.6 \text{kN} \cdot \text{m}$$

$$M_{CB} = 0$$

(b)

(5) 画弯矩图

根据求得的杆端弯矩及各杆所承受的荷载，画出弯矩图如图 $17-10c$ 所示。

例 17-2 试作图 $17-11a$ 所示刚架的内力图。各杆 EI = 常数。

解 (1) 确定基本未知量 只有刚结点 B 一个基本未知量 Φ_B。

(2) 列各单跨超静定梁的转角位移方程式

由表 17-1 查得由杆端位移产生的杆端弯矩和由荷载产生的固端弯矩相叠加，得转角位移方程为

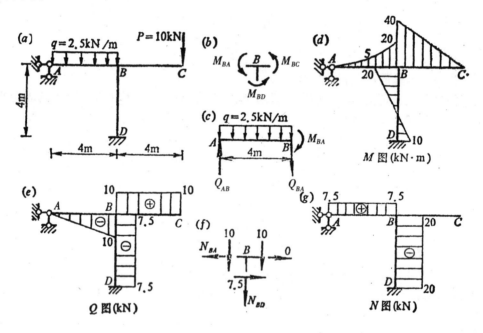

图 17-11

$$M_{BA} = 3i\Phi_B + \frac{ql^2}{8} = 3i\Phi_B + \frac{1}{8} \times 2.5 \times 4^2 = 3i\Phi_B + 5$$

$$M_{AB} = 0$$

$$M_{BC} = -Pl = -10 \times 4 = -40$$

$$M_{CB} = 0$$

$$M_{BD} = 4i\Phi_B$$

$$M_{DB} = 2i\Phi_B$$

(a)

(3) 建立位移法基本方程，求结点位移

截取结点 B 为脱离体，其受力图如图 $17-11b$ 所示。由 $\sum M_B = 0$ 得

$$M_{BA} + M_{BD} + M_{BC} = 0$$

即

$$3i\Phi_B + 5 + 4i\Phi_B - 40 = 0$$

解得

$$\Phi_B = \frac{5}{i}$$

(4) 计算各杆的杆端弯矩画弯矩图

① 将求得的 Φ_B 值代入各杆端转角位移方程式，以求得杆端弯矩值

$$
\left.
\begin{aligned}
M_{BA} &= 3i \times \frac{5}{i} + 5 = 20\text{kN} \cdot \text{m} \\
M_{BC} &= -40\text{kN} \cdot \text{m} \\
M_{BD} &= 4i \times \frac{5}{i} = 20\text{kN} \cdot \text{m} \cdot \\
M_{DB} &= 2i \times \frac{5}{i} = 10\text{kN} \cdot \text{m}
\end{aligned}
\right\}
\qquad (b)
$$

② 画弯矩图

首先将各杆杆端弯矩画在受拉边，然后以每根杆为单元画出弯矩图。其中：

BD 杆段：无荷载作用，弯矩图是斜线，连接杆端弯矩即得 BC 杆段的弯矩图。

BC 杆段：是悬臂梁段，荷载作用在标题端，弯矩图也是斜线，且 C 端弯矩 $M_{CB} = 0$。连接杆端弯矩得 BC 段弯矩图。

BA 杆段：由于均布荷载作用，其弯矩图是一条抛物线，故须计算 BA 杆跨中截面 E 的弯矩或计算该杆段的最大弯矩。由于 $17-11$ 可见跨中弯矩为

$$M_{中} = \frac{ql^2}{8} - \frac{20}{2} = \frac{1}{8} \times 2.5 \times 4^2 - 10 = -5\text{kN·m}$$

将杆端及跨中三个截面的各弯矩连成光滑曲线，画出 BA 段的弯矩图如图 $17-11d$ 所示。

(5) 画剪力图

根据各杆段的杆端弯矩及作用在该杆段上的荷载，逐杆求出杆端剪力画剪力图。由图 $17-11a$、d 可见

BC 杆段：是悬臂杆段，其各截面剪力均等于 10kN。

BD 杆段：其上无荷载作用，其各截面的剪力也是常数，

$$Q = -\frac{\sum M_{杆端}}{l} = -\frac{20+10}{4} = -7.5\text{kN}$$

BA 杆段：其上作用有均布荷载，剪力图应是一斜线。其杆端剪力可由 $17-11c$ 根据平衡条件求得。

由 $\sum M_A = 0$ 得

$$Q_{BA}l + M_{BA} + \frac{ql^2}{2} = 0$$

$$Q_{BA} = -\frac{M_{BA}}{l} - \frac{ql^2}{2} = -10\text{kN}$$

由 $\sum M_B = 0$ 得

$$Q_{AB} = 0$$

最后画剪力图如图 17 - 10e 所示

（6）画轴力图

利用结点的平衡条件，由杆端剪力求出各杆杆端轴力画轴力图。由图 17 - 11a 可见。

BC 杆段是悬臂梁段且荷载与杆轴相垂直，因此，其各截面轴力相等，且等于零。为确定 BA、BD 杆段轴力，画 B 结点受力图 17 - 10f 所示，其杆端剪力数值由剪力图求得且为了简单起见，未画出杆端弯矩值。

由 $\sum X = 0$ 得 $\qquad\qquad \bar{N}_{BA} = 7.5\text{kN}$（拉）

由 $\sum H = 0$ 得 $\qquad\qquad N_{BD} = 20\text{kN}$（压）

最后画轴力图如图 17 - 10g 所示。

第四节 有侧移刚架计算

有结点线位移的刚架，计算时的基本未知量，除有结点转角 ϕ 外，还有独立结点线位移 Δ。其中结点转角数目等于该结构的刚结点数，独立结点线位移的数目可用直观判断或铰化结点法求得。

有结点线位移刚架计算时，除对每个结点转角均应列出各点力矩平衡方程作为位移法基本方程外，对每个独立结点线位移，还应列出相应的投影平衡方程，现举例说明。

例 17 - 3　试作图 17 - 12a 所示排架的弯矩图。

解　（1）确定基本未知量

共有刚结点 C 的转角 Φ_C 和横梁 CD 的水平线位移 Δ 两个基本未知量。

（2）列各单跨超静梁的转角位移方程

同样为了简便起见，在列出由杆端位移引起的杆端力的同时，叠加上由荷载引起的固端弯矩而直接得到转角位移方程。要注意的是 AC、BD 两杆的两端终点有相对侧移 Δ，但杆 CD 的两端结点只有整体的水平位移，并没相对的线位移。于是各杆的转角位移方程为

$$
\left. \begin{aligned}
M_{AC} &= 2i\Phi_C - \frac{6i\Delta}{l} - \frac{ql^2}{12} = 2\Phi_C - \Delta - 3 \\
M_{CA} &= 4i\Phi_C - \frac{6i\Delta}{l} + \frac{ql^2}{12} = 4\Phi_C - \Delta + 3 \\
M_{CD} &= 3i\Phi_C = 3\Phi_C \\
M_{DC} &= 0 \\
M_{BD} &= -\frac{3i\Delta}{l} = -0.5\Delta \\
M_{DB} &= 0
\end{aligned} \right\} \qquad (a)
$$

（3）建立位移法基本方程，求解基本未知量

有结点位移刚架的位移法基本方程，有下述两种：

① 利用结点 C，建立结点的力矩平衡方程

取结点 C 为脱离体画受力图如图 17 - 12b 所示。由 $\sum M_C = 0$ 得

$$M_{CA} + M_{CD} = 7\Phi_C - \Delta + 3 = 0 \qquad\qquad (b)$$

② 截取两立柱顶端以上部分建立立柱的剪力平衡方程

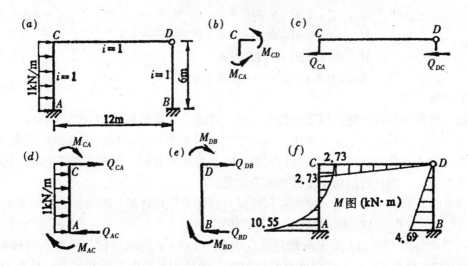

图 17 – 12

取两柱顶端以上的横梁 CD 为脱离体，画受力图如图 17 – 12c 所示。由 $\sum X = 0$ 得

$$Q_{CA} + Q_{DB} = 0 \qquad\qquad (c)$$

为了计算 Q_{CA} 和 Q_{DB}，分别考虑立柱 CA 和 DB 的平衡。

取立柱 CA 为脱离体画受力图如图 7 – 12c 所示。由 $\sum M_A = 0$ 得

$$Q_{CA} = -\frac{6\Phi_C - 2\Delta}{6} - \frac{ql}{2} = -\Phi_C + \frac{\Delta}{3} - 3$$

取立柱 DB 为脱离体画受力图如图 17 – 12e 所示。由 $\sum M_B = 0$ 得

$$Q_{DB} = \frac{0.5\Delta}{6} = \frac{\Delta}{12}$$

将 Q_{CA} 和 Q_{DB} 代入式（c）得

$$-\Phi_C + \frac{\Delta}{3} + \frac{\Delta}{12} - 3 = 0$$

即

$$-\Phi_C + \frac{5}{12}\Delta - 3 = 0 \qquad\qquad (d)$$

这就是与独立线位移 Δ 相对应的力的投影平衡方程式。

③ 求解基本未知量

联立方程（b）、（d）得位移法基本方程为

$$\left.\begin{array}{r} 7\Phi_C - \Delta + 3 = 0 \\ -\Phi_C + \dfrac{5\Delta}{12} - 3 = 0 \end{array}\right\} \qquad\qquad (e)$$

求得

$$\Phi_C = 0.91$$

$$\Delta = 9.37$$

（4）计算各杆的杆端弯矩

将 Φ_C 和 Δ 的数值代入式（a）得

$$M_{AC} = 2 \times 0.91 - 9.37 - 3 = -10.55 \text{kN·m}$$
$$M_{CA} = 4 \times 0.91 - 9.37 + 3 = -2.73 \text{kN·m}$$
$$M_{CD} = 3 \times 0.91 = 2.73 \text{kN·m}$$
$$M_{BD} = 0.5 \times 9.37 = -4.69 \text{kN·m}$$

（5）画弯矩图

根据计算所得杆端弯矩，以及已知的荷载，可画出弯矩图如图 17-12f 所示。

由此可见，位移法基本未知量中，每一个转角位移有一个相应的结点力矩平衡方程，每一个独立结点线位移有一个相应的柱顶剪力的投影平衡方程。平衡方程的个数和基本未知量的个数相等。因此可以解出全部基本未知量。

用位移法计算对称结构时，同样可利用其对称性以简化计算。现举例说明如下。

例 17-3　试作图 17-13a 所示刚架的弯矩图。

解　首先将图 17-13a 所示荷载分解成图 17-13b、c 所示对称荷载和反对称荷载。其中图 7-13b 所示对称刚架在对称荷载作用下，各杆均不产生弯矩和剪力，只有 CD 杆有轴力，且其轴力 $N_{CD} = N_{DC} = -25 \text{kN}$（压）。因此，图 17-13c 所示对称刚架在反对称荷

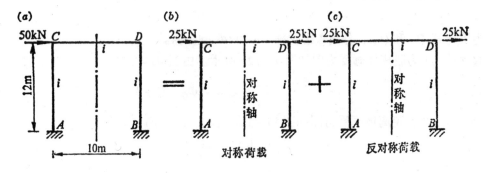

图 17-13

载作用下的弯矩图，就是图 17-13a 所示刚架的弯矩图。计算时可以利用对称性取半刚架如图 17-13a 所示。其计算步骤如下：

（1）确定基本未知量

取 Φ_C 和 Δ 为基本未知量。

（2）列各单跨超静空梁的转角位移方程式

因为 $P = 25 \text{kN}$ 是结点荷载，各杆的固端弯矩均为零。另外，只有 AC 杆两端有相对结点线位移 Δ，CD 杆只有整体水平位移。于是各种的转角位移方程为

$$\left.\begin{aligned} M_{AC} &= 2i\Phi_C - \frac{6i}{12}\Delta = 2i\Phi_C - 0.5i\Delta \\ M_{CA} &= 4i\Phi_C - \frac{6i}{12}\Delta = 4i\Phi_C - 0.5i\Delta \\ M_{CE} &= 3(2i)\Phi_C = 6i\Phi_C \end{aligned}\right\} \qquad (a)$$

（3）建立位移法基本方程，求解基本未知量

① 建立结点的力矩平衡方程

截取结点 C 为脱离体其受力图 17-14b 所示。由 $\sum M_C = 0$

$$M_{CA} + M_{CE} = 0$$

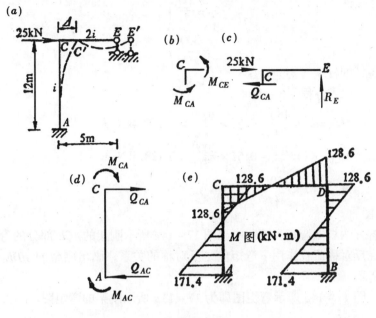

图 17 – 14

即

$$10i\Phi_C - 0.5i\Delta = 0 \qquad\qquad (b)$$

② 建立立柱的剪力平衡方程

截取立柱顶端以上的 CE 杆为脱离体其受力图如图 17 – 14c 所示。由 $\sum X = 0$ 得

$$Q_{CA} - 25 = 0 \qquad\qquad (c)$$

为了计算 Q_{CA}，进一步考虑立柱 CA 的平衡。截取 CA 为脱离体其受力图如图 17 – 14a 所示。由 $\sum M_A = 0$ 得

$$12Q_{CA} + M_{CA} + M_{AC} = 0$$

即

$$Q_{CA} = -\frac{M_{CA} + M_{AC}}{12} = -\frac{6i\Phi_C - i\Delta}{12} \qquad\qquad (d)$$

将（d）式代入（c）式得

$$-\frac{6i\Phi_C - i\Delta}{12} - 25 = 0$$

即

$$6i\Phi_C - i\Delta + 300 = 0 \qquad\qquad (e)$$

③ 求解基本未知量

联立方程（b）、（e）得位移法基本方程为

$$\left.\begin{array}{l} 10i\Phi_C - 0.5i\Delta = 0 \\ 6i\Phi_C - i\Delta + 300 = 0 \end{array}\right\} \qquad\qquad (f)$$

求得

$$\left.\begin{array}{l} \varPhi_C = \dfrac{150}{7i} \\[3mm] \varDelta = \dfrac{3000}{7i} \end{array}\right\}$$

(4) 计算各杆的杆端弯矩

将 $\varPhi_C$ 和 $\varDelta$ 值代入方程（a）得

$$M_{AC} = 2i \times \frac{150}{7i} - 0.5i \times \frac{3000}{7i} = -171.4\text{kN}\cdot\text{m}$$

$$M_{CA} = 4i \times \frac{150}{7i} - 0.5i \times \frac{3000}{7i} = -128.6\text{kN}\cdot\text{m}$$

$$M_{CE} = 6i \times \frac{150}{7i} = 128.6\text{kN}\cdot\text{m}$$

(5) 画 M 图

首先根据各杆的杆端弯矩和荷载画出图 17 – 14e 所示刚架的 ACE 部分的弯矩图。然后根据对称结构在反对称荷载作用下弯矩应是反对称的关系，画出刚架的 BDE 部分的弯矩如图 17 – 14e 所示。

由前述知，图 17 – 14e 所示弯矩图即为 17 – 13a 所示刚架的弯矩图。

本章小结

位移法以刚结点的转角和独立结点线位移为基本未知量。其未知量的数目与超静定次数地匀。因此，对于超静定次数高而结点位移数目少的超静定结构用位移法比用力法要简便得多。

在位移法的平衡方程法计算中，把结构分解为单个的杆件，每根杆件都可以认为是单跨的超静定梁。在结点位移和荷载作用下，其杆端弯矩由转角位移方程确定。

位移法的基本方程是平衡方程，包括结点的力矩平衡方程和立柱的剪力平衡方程。通过平衡方程确定位移法的基本未知量，然后用转角位移方程计算杆端弯矩，并画内力图。

位移法的解题步骤是：

1．确定基本未知量；

2．列各单跨超静定梁的转角位移方程；

3．建立位移法的基本方程——结点的力矩平衡方程和立柱的剪力平衡方程。并以此基本方程求解基本未知量；

4．计算各杆的杆端弯矩，画弯矩图；

5．由各杆力的平衡方程计算杆端剪力，画剪力图；

6．由各杆的力的平衡方程计算杆端轴力，画轴力图。

确定结构上的基本未知量及列出各单跨超静定梁的转角位移方程是位移法解题的关键。

思 考 题

17 – 1　什么是位移法的基本未知量？怎样确定位移法的基本未知量？

17 – 2　为什么固定端支座处的转角可以不计入基本未知量？

17-3 为什么结点转角数目等于该结构刚结点的数目？在什么条件下独立结点线位移的数目等于铰接体系自由度的数目？

17-4 图示刚架用力法和位移法计算，哪种方法比较方便？为什么？

17-5 什么是固端弯矩？什么是等截面直杆的转角位移方程？如何利用表17-1写等截面直杆的转角位移方程？应注意什么问题？

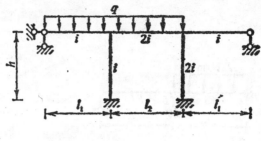

思17-4图

习 题

17-1 确定图示各结构用位移法计算时的基本未知量数目。

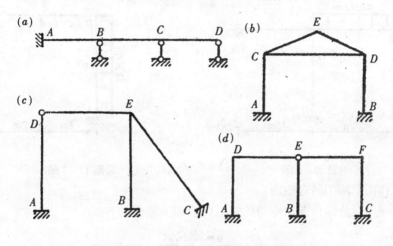

习题17-1图

17-2 写出图示结构由荷载产生的固端弯矩和由基本未知量产生的杆端弯矩。各杆 $EI=$ 常数。

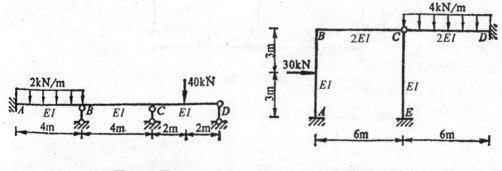

习题17-2图   习题17-3图

17-3 写出图示结构由荷载产生的固端弯矩和由基本未知量产生的杆端弯矩。

17-4 作图示连续梁的内力图，并求支座反力。

17-5 作图示刚架弯矩图。

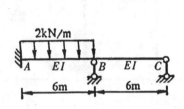

习题 17-4 图

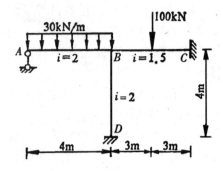

习题 17-5 图

17-6 作图示刚架弯矩图、剪力图和轴力图。EI = 常数。

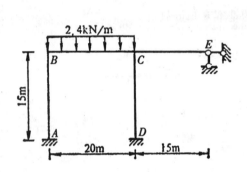

习题 17-6 图

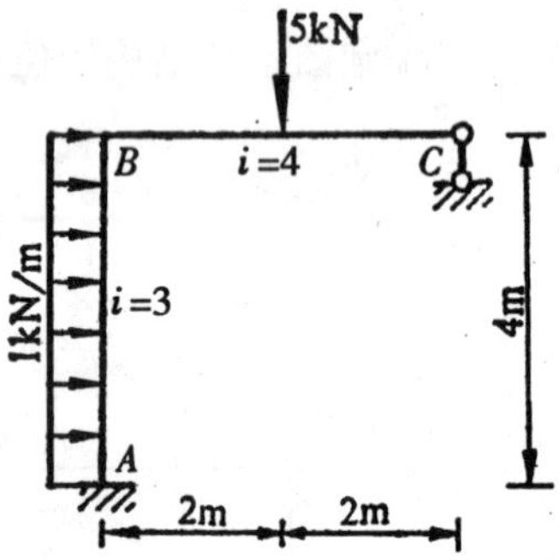

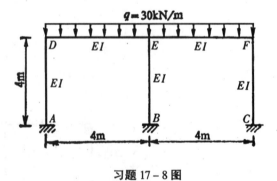

习题 17-7 图

17-7 作图示刚架的弯矩图。

17-8 利用对称性作图示刚架的弯矩图。EI = 常数。

习题 17-8 图

第十八章 力矩分配法

前面介绍的力法和位移法，是分析超静定结构的两种基本方法。两种方法都需要解联立方程。

本章所介绍的力矩分配法，是工程上广为采用的实用方法，它是一种渐近计算方法，可以不解联立方程而直接求得杆端弯矩。分析连续梁和无结点线位移超静定刚架内力，十分简便。

力矩分配法以位移法为基础。因此，在力矩分配法中杆端弯矩正、负号的规定都与位移法相同，即杆端弯矩以顺时针转向为正，由于作用于结点的弯矩系杆端弯矩的反

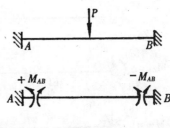

图 18 - 1

作用力，所以作用于结点的弯矩以逆时针转向为正；结点上的外力偶（荷载）仍以顺时针转向为正。图 18 - 1 所示杆件 A 端的杆端弯矩及作用于结点上的弯矩为正，B 端的杆端弯矩及结点弯矩为负。

第一节 力矩分配法的基本要素

用力矩分配法分析结构时，必须首先求出转动刚度、分配系数和传递系数等基本要素。现分述如下：

一、转动刚度

图 18 - 2 所示各单跨超静定梁 AB，使 A 端产生单位转角 $\Phi_A = 1$ 时，所需施加的力矩称转动刚度，用 S_{AB} 表示。其值可由表 17 - 1 查得。在力矩配法中通常把产生转角的一端称为近端（己端），另一端称为远端（它端）。

由图 7 - 2 可见，转动刚度不仅与该梁的线刚度 i 有关$\left(i = \dfrac{EI}{l} \right)$，而且与远端（它端）的支承情况有关。

转动刚度反映了杆端抵抗转动的能力。转动刚度越大，表示杆端产生单位转角所需施加的力矩越大。

当近端转角 $\Phi_A \neq 1$ 时，则 $M_{AB} = S_{AB} \cdot \Phi_A$。

二、分配系数

现以图 18 - 3a 所示刚架为例，说明分配系数的概念。

1. 由转角产生的杆端弯矩

图 18 - 3a 中由于结点 A 上力偶矩 m 的作用，使结点 A 发生转角 Φ_B，由位移法知，汇交于刚结点各杆的近端（己端）转角应相等。于是杆 AB、AC、AD 各杆的 A 端转角亦均为 Φ_A。由 Φ_A 而产生的转动刚度分别为 S_{AB}、S_{AC}、S_{AD}。为清楚起见，取各杆为脱离体，画受力图如图 18 - 3b 所示。各杆在 A 端的弯矩为

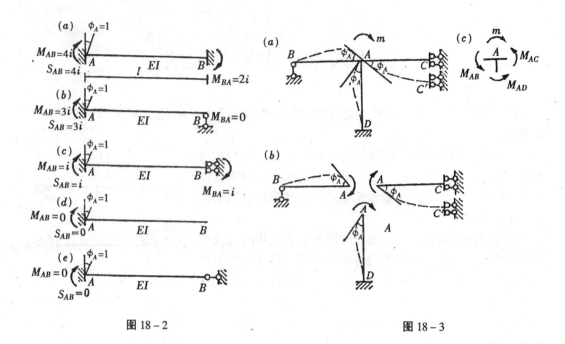

图 18-2   图 18-3

$$M_{AB} = S_{AB}\Phi_A \\ M_{AC} = S_{AC} \cdot \Phi_A \\ M_{AD} = S_{AD} \cdot \Phi_A \Biggr\} \qquad (a)$$

式中各杆的转动刚度 S 可由图 18-2 查得。

2. 由刚结点的平衡条件确定结点转角

利用刚结点的平衡条件，可以确定 Φ_A，从而求得各杆端弯矩。截取结点 A 为脱离体其受力图如图 18-3c 所示。由 $\sum M_A = 0$ 得

$$m = M_{AB} + M_{AC} + M_{AD}$$

将式（a）中各值代入上式得

$$m = (S_{AB} + S_{AC} + S_{AD})\Phi_A$$

$$\therefore \qquad \Phi_A = \frac{m}{S_{AB} + S_{AC} + S_{AD}} = \frac{m}{\sum\limits_A S} \qquad (b)$$

式中：$\sum\limits_A S = S_{AB} + S_{AC} + S_{AD}$，是相交于 A 结点各杆端转动刚度之和。

3. 分配系数

将(b)式代入(a)式，便可求得各杆 A 端的弯矩分别为

$$
\left.
\begin{aligned}
M^{\mu}_{AB} &= \frac{S_{AB}}{\sum\limits_{A} S} \cdot m = \mu_{AB} \cdot m \\[2mm]
M^{\mu}_{AC} &= \frac{S_{AC}}{\sum\limits_{A} S} \cdot m = \mu_{AC} \cdot m \\[2mm]
M^{\mu}_{AD} &= \frac{S_{AD}}{\sum\limits_{A} S} \cdot m = \mu_{AD} \cdot m
\end{aligned}
\right\}
\qquad (18-1)
$$

式中：

$$
\left.
\begin{aligned}
\mu_{AB} &= \frac{S_{AB}}{\sum\limits_{A} S} \\[2mm]
\mu_{AC} &= \frac{S_{AC}}{\sum\limits_{A} S} \\[2mm]
\mu_{AB} &= \frac{S_{AB}}{\sum\limits_{A} S}
\end{aligned}
\right\}
\qquad (c)
$$

称为各杆在 A 端的分配系数。可以统一表示为

$$
\mu_{Aj} = \frac{S_{Aj}}{\sum\limits_{A} S}(A \neq j) \qquad (18-2)
$$

由式可见，相交于 A 点的 Aj 杆的分配系数，等于该杆 A 端的转动刚订 S_{Aj}，除以汇交于 A 点的各杆 A 端转动刚度之和。因此，汇交于同一结点各杆的分配系数之和应等于1，即

$$
\sum_{\mu A} = \mu_{AB} + \mu_{AC} + \mu_{AD} = 1
$$

式(d)可以作为校核分配系数 μ_{Aj} 是否正确的依据。

顺便指出，式(18-1)中 M^{μ}_{AB}，M^{μ}_{AC}，M^{μ}_{AD} 称分配弯矩，其右上标表示是分配弯矩，它由分配系数乘以结点外力偶 m 而求得。

三、传递系数

在图 18-3a 中，力偶矩 m 作用于结点 A，使各杆近端(己端)产生弯矩的同时，在各杆远端(它端)也产生弯矩。各杆远端(它端)弯矩与近端(己端)弯矩的比值称为传递系数，用 C 表示。对于等截面直杆来说，传递系数 C 的大小与杆件远端(它端)的支承情况有关。例如图 18-2a 所示，远端 B(它端)固定的杆，当近端 A(己端)产生转角 Φ_A 时，近端 A(己端)弯矩 $M_{AB}=4i\Phi_A$，远端 B(它端)弯矩 $M_{BA}=2i\Phi_A$；所以 AB 杆由 A 端至 B 端的传递系数

$$
C_{AB} = \frac{M_{BA}}{M_{AB}} = \frac{2i\Phi_A}{4i\Phi_A} = \frac{1}{2} \qquad (c)
$$

同理，可由图 18-2 求出远端(它端)为不同支承情况各杆的传递系数。为了使用方便，将等截面直杆的传递系数和转动刚度列表 18-1 供使用时查阅。

表 18 - 1

远端(它端)支承情况	转动刚度 S	传递系数 C
固　　　定	$4i$	0.5
铰　　　支	$3i$	0
滑　　　动	i	-1
自由或轴向支杆	0	

有了传递系数后,便可根据分配系数求得分配弯矩,再用分配弯矩乘以传递系数便得传递弯矩(即远端弯矩)用 M^C 表示,可见

$$传递弯矩 = 传递系数 \ C \times 分配弯矩 \qquad (8-3)$$

第二节　力矩分配法的基本原理

图 18 - 4a 所示两跨连续梁,只有一个刚性结点 B,在 AB 距中作用有集中荷载 P,BC 跨作用有均布荷载 q,刚结点 B 处有转角,变形曲线如图中虚线所示。

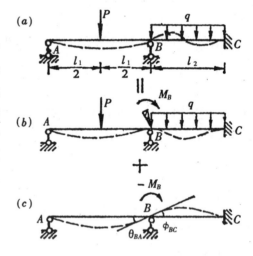

如果在刚结点 B 处加上控制转动的附加刚臂将结点锁住如图 18 - 4b 所示,连续梁被附加刚臂分隔为两个单跨的超静定梁 AB 和 BC,在荷载作用下其变形曲线如图 18 - 4b 中虚线所示。各单跨超静定梁的固端弯矩可由表 17 - 1 查得。一般情况下,汇交于刚结点 B 处的 BA 杆和 BC 杆的固端弯矩彼此不相等,即 $M_{BA}^F \neq M_{BC}^F$

因此,在附加刚臂上必有约束力矩 M_B,如图 18 - 4b 所示。此约束力矩 M_B 可以用刚结点 B 的力矩平衡条件求得。为此,截取 B 结点为脱离体,其受力图如图 18 - 4d 所示。由 $\sum M_B = 0$ 得

$$M_B - M_{BA}^F - M_{BC}^F = 0$$

$$\therefore \quad M_B = M_{BA}^F + M_{BC}^F \qquad (a)$$

图 18 - 4

方程式(a)说明,约束力矩等于各杆固端弯矩之和,其以顺时针转向为正,反之为负。

为了使图 18 - 4b 所示有附加刚臂的连续梁能和原图 18 - 4a 所示连续梁等同,必须放松附加刚臂,使结点 B 产生转角 Φ_B。为此,在结点 B 加上一个与约束力矩 M_B 大小相等,转向相反的力矩($-M_B$),即约束力矩的负值如图 18 - 4c 所示,($-M_B$)将使结点 B 产生所需的 Φ_B 转角。

由以上分析可见,如图 18 - 4a 所示连续梁的受力和变形情况,应等于图 18 - 4b 和图 18 - 4c 所示情况的叠加。也就是说,要计算连续梁相交于 B 结点各杆的近端弯矩,应分

别计算图 18-4b 所示情况的杆端弯矩即固端弯矩和图 18-4c 所示情况的杆端弯矩［即分配弯矩，分配弯矩等于分配系数乘以反号的约束力（$-M_B$）］，然后将它们叠加。同样，连续梁相交于 B 结点各杆的远端（它端）弯矩，应是图 18-4b 所示情况的固端弯矩和图 18-4c 所示情况的传递弯矩相加。

下面举例说明力矩分配法的计算步骤。

例 18-1 试作图 18-5a 所示连续梁的弯矩图。

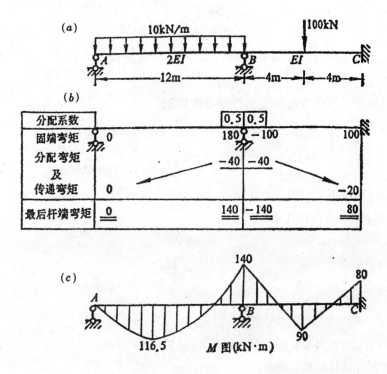

图 18-5

解 （1）计算固端弯矩和约束力矩

① 由表 17-1 查得得固端弯矩为

$$M_{AB}^{F} = 0$$

$$M_{BA}^{F} = \frac{ql^2}{8} = \frac{1}{8} \times 10 \times 12^2 = 180 \text{kN·m}$$

$$M_{BC}^{F} = -\frac{Pl}{8} = -\frac{1}{8} \times 100 \times 8 = -100 \text{kN·m}$$

$$M_{CB}^{F} = \frac{Pl}{8} = \frac{1}{8} \times 100 \times 8 = 100 \text{kN·m}$$

② 求结点 B 处刚臂的约束力矩

$$M_B = M_{BA}^{F} + M_{BC}^{F} = 180 - 100 = 80 \text{kN·m}$$

（2）计算分配系数

① 由表 18-1 查得转动刚度 S

$$S_{BA} = 3i_{BA} = 3 \times \frac{2EI}{12} = \frac{1}{2}EI$$

$$S_{BC} = 4i_{BC} = 4 \times \frac{EI}{8} = \frac{1}{2}EI$$

② 计算分配系数

$$\mu_{BA} = \frac{S_{BA}}{S_{BA} + S_{BC}} = \frac{\frac{1}{2}EI}{EI} = \frac{1}{2}$$

$$\mu_{BC} = \frac{S_{BC}}{S_{BA} + S_{BC}} = \frac{\frac{1}{2}EI}{EI} = \frac{1}{2}$$

$\sum \mu_{Bj} = \mu_{BA} + \mu_{BC} = \frac{1}{2} + \frac{1}{2} = 1$，说明 μ_{BA}、μ_{BC} 计算无误。

（3）计算分配弯矩

将分配系数乘以约束力矩的负值即得分配弯矩

$$M_{BA}^{\mu} = \mu_{BA} \cdot (-M_B) = -\frac{1}{2} \times 80 = -40 \text{kN} \cdot \text{m}$$

$$M_{BC}^{\mu} = \mu_{BC} \cdot (-M_B) = -\frac{1}{2} \times 80 = -40 \text{kN} \cdot \text{m}$$

（4）计算传递弯矩

① 查表 18－1 得各杆传递系数

$$C_{BA} = 0$$

$$C_{BC} = \frac{1}{2}$$

② 计算传递弯矩

$$M_{AB}^{C} = C_{BA} \cdot M_{BA}^{\mu} = 0$$

$$M_{CB}^{C} = C_{BC} \cdot M_{BC}^{\mu} = \frac{1}{2} \times (-40) = -20 \text{kN} \cdot \text{m}$$

（5）计算各杆的杆端最后弯矩

$$M_{AB} = M_{AB}^{F} + M_{AB}^{C} = 0$$

$$M_{BA} = M_{BA}^{F} + M_{BA}^{\mu} = 180 - 40 = 140 \text{kN} \cdot \text{m}$$

$$M_{BC} = MM_{BC}^{F} + M_{BC}^{\mu} = -100 - 40 = -140 \text{kN} \cdot \text{m}$$

$$M_{CB} = M_{CB}^{F} + M_{CB}^{C} = 100 - 20 = 80 \text{kN} \cdot \text{m}$$

实际计算时，可以将分配弯矩、传递弯矩和最后杆端弯矩的计算用表格形式进行如图 18－5b 所示。表中分配弯矩下面画一横线，表示该结点已经平衡。箭头表示弯矩的传递方向。杆端弯矩的最后结果下面画双横线。

（6）画弯矩图

根据各杆杆端最后弯矩和已知荷载，用叠加法画连续梁的弯矩图如图 18－5c 所示。

例 18－2 用力矩分配法作图 18－6a 所示封闭框架的弯矩图。已知各杆 EI 等于常数。

解 因为这个框架的结构和荷载均有 x、y 两个对称轴，故可只取四分之一结构计算如图 18－6b 所示。画出此部分弯矩图后，其余部分根据对称结构对称荷载作用弯矩图亦是正对称的关系便可画出。

（1）计算固端弯矩

由表 17－1 查得各杆的固端弯矩为

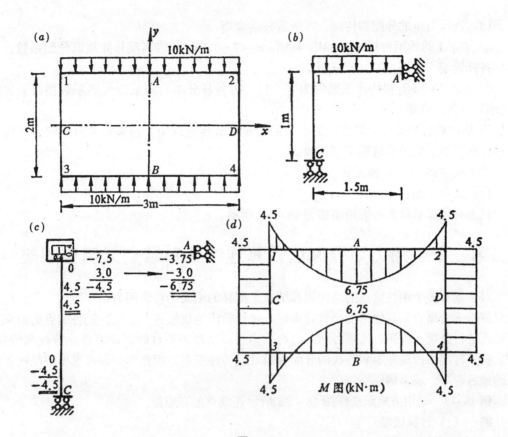

图 18-6

$$M_{1A}^F = -\frac{ql^2}{3} = -\frac{1}{3} \times 1.5^2 \times 10 = -7.5 \text{kN·m}$$

$$M_{A1}^F = -\frac{ql^2}{6} = -\frac{1}{6} \times 10 \times 1.5^2 = -3.75 \text{kN·m}$$

写入图 18-6c 各相应杆端处。

(2) 计算分配系数

① 由表 18-1 查得转动刚度 S

$$S_{1A} = i = \frac{EI}{1.5} = \frac{1}{1.5}EI$$

$$S_{1C} = i = \frac{EI}{1} = EI$$

② 计算分配系数

$$\mu_{1A} = \frac{S_{1A}}{S_{1A} + S_{1C}} = \frac{\frac{1}{1.5}EI}{\frac{1}{1.5}EI + EI} = 0.4$$

$$\mu_{1C} = \frac{S_{1C}}{S_{1A} + S_{1C}} = \frac{EI}{\left(\frac{1}{1.5} + 1\right)EI} = 0.6$$

$\sum \mu_{1j} = \mu_{1A} + \mu_{1C} = 0.4 + 0.6 = 1$，说明 μ_{1A}、μ_{1C} 计算无误。

将分配系数写入图 18-6c 结点处。

(3) 进行力矩的分配和传递，求最后杆端弯矩

① 结点 1 的约束力矩 $M_1 = M_{1A}^F + M_{1C}^F = -7.50\text{kN·m}$，将其反号并乘以分配系数，便得到各杆近端（己端）的分配弯矩。

② 由表 18 – 1 查得传递系数均为（– 1），将各杆分本弯矩乘以传递系数便得到远端（它端）的传递弯矩。

③ 最后将各杆端的固端弯矩的和分配弯矩（或传递弯矩）相叠加即可得到各杆端的最后杆端弯矩。在最后弯矩下划双线。

以上均在图 18 – 6c 所示图上进行。

(4) 画弯矩图

根据对称关系画出弯矩矩图如图 18 – 6d 所示。

第三节　用力矩分配法计算连续梁和结点无侧移刚架

对于具有多个刚性结点的连续梁和结点无侧移的刚架仍可采用力矩分配法。但必须每次只放松一个结点，其他结点仍暂时固定。这样轮流地放松各个结点，把各结点的约束力矩轮流进行分配、传递，直到各结点的约束力矩可以略去不计时，即可停止分配和传递。最后将各杆端的固端弯矩和各次的分配弯矩（或传递变矩）相叠加，即可求出原结构各杆端的最后弯矩。现举例说明。

例 18 – 3　试用力矩配法作图 18 – 7a 所示连续梁的弯矩图。

解　(1) 计算固端弯矩

将两个刚结点 B、C 均固定起来，则连续梁被分隔成三个单跨超静定梁。因此，可由表 17 – 1 查得各杆的固端弯矩

$$M_{BA}^F = \frac{3}{16}Pl = \frac{3}{16} \times 50 \times 2 = 18.75\text{kN·m}$$

$$M_{BC}^F = -\frac{1}{12}ql^2 = -\frac{1}{12} \times 20 \times 3^2 = -15\text{kN·m}$$

$$M_{CB}^F = \frac{1}{12}ql^2 = \frac{1}{2} \times 30 \times 3^2 = 15\text{kN·m}$$

其余各固端弯矩均为零。

将各固端弯矩填入图 18 – 7b 所示的相应位置。由图可清楚看出，结点 B、C 的约束力矩分别为

$$M_B = 3.75\text{kN·m}$$

$$M_C = 15\text{kN·m}$$

(2) 计算分配系数

分别计算相交于结点 B 和相交于结点 C 各杆杆端的分配系数。

① 由表 18 – 1 查得各转动刚度 S

结点 B：

$$S_{BA} = 3i_{BA} = 3 \times \frac{4EI}{2} = 6EI$$

$$S_{BC} = 4i_{BC} = 4 \times \frac{9EI}{3} = 12EI$$

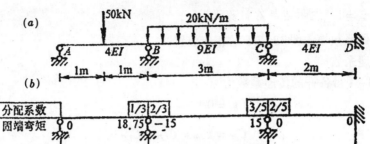

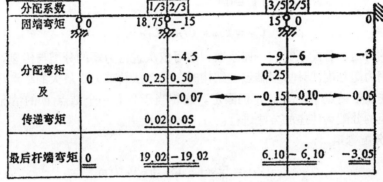

分配系数		1/3	2/3		3/5	2/5	
固端弯矩	0	18.75	−15		15	0	0
分配弯矩 及 传递弯矩	0	0.25	−4.5 ← 0.50 →		−9 0.25	−6	→ −3
		0.02	−0.07 ← 0.05		−0.15	−0.10	→ 0.05
最后杆端弯矩	0	19.02	−19.02		6.10	−6.10	−3.05

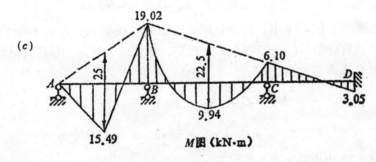

图 18−7

结点 C：

$$S_{CB} = S_{BC} = 12EI$$

$$S_{CD} = 4i_{CD} = 4 \times \frac{4EI}{2} = 8EI$$

② 计算分配系数

结点 B：

$$\mu_{BA} = \frac{S_{BA}}{S_{BA} + S_{BC}} = \frac{6EI}{6EI + 12EI} = \frac{1}{3}$$

$$\mu_{BC} = \frac{S_{BC}}{S_{BA} + S_{BC}} = \frac{12EI}{6EI + 12EI} \frac{2}{3}$$

校核：$\frac{1}{3} + \frac{2}{3} = 1$ 说明结点 B 计算无误。

结点 C：

$$\mu_{CB} = \frac{S_{CB}}{S_{CB} + S_{CD}} = \frac{12EI}{12EI + 8EI} = \frac{3}{5}$$

$$\mu_{CD} = \frac{S_{CD}}{S_{CB} + S_{CD}} = \frac{8EI}{12EI + 8EI} = \frac{2}{5}$$

校核：$\frac{3}{5} + \frac{2}{5} = 1$　说明结点 C 计算无误。

将各分配系数填入图 $18-7b$ 的相应位置。

(3) 传递系数

查表 $18-1$ 得各杆的传递系数为

$$C_{BA} = 0$$

$$C_{BC} = C_{CB} = C_{CD} = C_{DC} = \frac{1}{2}$$

有了固端弯矩、分配系数和传递系数，便可依次进行力矩的分配与传递。为了使计算收敛得快，用力矩分配法计算多结点的结构时，通常从约束力矩最大的结点开始。

(4) 首先放松结点 C，结点 B 仍固定。这相当于只有一个结点 C 的情况，因而可按上节所述力矩的分配和传递的方法进行。

① 计算分配弯矩

$$M_{CB}^{\mu} = \frac{3}{5} \times (-15) = -9\text{kN·m}$$

$$M_{CD}^{\mu} = \frac{2}{5} \times (-15) = -6\text{kN·m}$$

将它们填和图 $18-7b$ 中，并在分糰矩下面划一条横线，表示 C 结点力矩暂时平衡。这时结点 C 将有转角，但由于结点 B 仍固定，所以这个转角不是最后位置。

② 计算传递弯矩

$$M_{BC}^{C} = C_{CB} \cdot M_{CB}^{\mu} = \frac{1}{2} \times (-9) = -4.5\text{kN·m}$$

$$M_{DC}^{C} = C_{CD} \cdot M_{CD}^{\mu} = \frac{1}{2} \times (-6) = -3\text{kN·m}$$

在图 $18-7b$ 中用箭头表示传递力矩。

(5) 放松结点 B，重新固定结点 C。

① 约束力矩　应当注意的是结点 B 不仅有固端弯矩产生的约束力矩，还包括结点 C 传来的传递弯矩，故约束力矩

$$M_B = 18.75 - 15 - 4.5 = 0.75\text{kN·m}$$

② 计算分配弯矩

$$M_{BA}^{\mu} = \frac{1}{3} \times 0.75 = 0.25\text{kN·m}$$

$$M_{BC}^{\mu} = \frac{2}{3} \times 0.75 = 0.50\text{kN·m}$$

③ 计算传递弯矩

$$M_{AB}^{C} = 0$$

$$M_{CB}^{C} = C_{BC} \cdot M_{BC}^{\mu} = \frac{1}{2} \times 0.5 = 0.25\text{kN·m}$$

以上均填入图 $18-7b$ 相应位置。结点 B 分配弯矩下的横线说明结点 B 又暂时平衡，同时也转动了一个转角，同样因为结点 C 又被固定，所以这个转角也不是最后位置。

(6) 由于结点 C 又有了约束力矩 0.25kN·m，因此应再放松结点 C，固定结点 B 进行分配和传递。这样轮流放松，固定各结点，进行力矩分配与传递。因为分配系数和传递系

数都小于 1，所以结点力矩数值越来越小，直到传递弯矩的数值按计算精度要求可以略去不计时，就可以停止运算。

（7）最后将各杆端的固端弯矩，各次分配弯矩和传递弯矩相叠加，就可以得到原结构各杆端的最后弯矩。见图 18-7b，最后各杆的杆端弯矩下划双线。

（8）根据各杆最后杆端弯矩和荷载用叠加法画弯矩图如图 18-7c 所示。

例 18-4 试用力矩分配法作图 18-8a 所示连续梁的弯矩图。

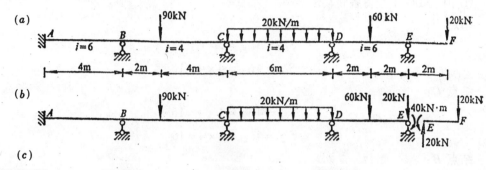

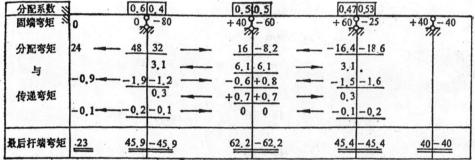

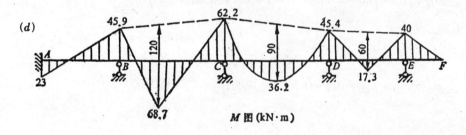

图 18-8

解 此梁的悬臂部分 EF 为一静定部分，这部分的内力可由静力平衡条件求得为：$M_{EF} = -40 \text{kN} \cdot \text{m}$；$Q_{EF} = 20 \text{kN}$。若将 EF 悬臂部分去掉，而将弯矩和剪力作为外力作用于结点 E 处，则结点 E 可作为铰支端，整个计算可按图 18-8b 来考虑。

（1）计算固端弯矩

DE 杆相当于一端固定一端铰支的单跨梁，除跨中有集中力作用外，在铰支座 E 处还有一集中力和集中力偶的作用。其中集中力 20kN 由支座直接承受而不使梁产生弯矩，其余的外力将使 DE 杆产生固端弯矩，可由表 17-1 查得

$$M_{ED}^F = M = 40 \text{kN} \cdot \text{m}$$

$$M_{DE}^F = -\frac{3}{16}Pl + \frac{1}{2}M = -\frac{3}{16} \times 60 \times 4 + \frac{1}{2} \times 40 = -25\text{kN·m}$$

其余各单跨超静定梁的固端弯矩都可由表 17-1 查得，填于图 18-8c 的相应栏内。

(2) 计算分配系数

由图 18-8b 可见，除 DE 跨相应于一端固定一端铰支的单跨梁之外，其余各跨均为两端固定的梁。

① 由表 18-1 查得各转动刚度 S

结点 D：
$$S_{DE} = 3i_{DE} = 3 \times 6 = 18$$
$$S_{DC} = 4i_{DC} = 4 \times 4 = 16$$

结点 C：
$$S_{CD} = 4i_{CD} = 4 \times 4 = 16$$
$$S_{CB} = 4i_{CB} = 4 \times 4 = 16$$

结点 B：
$$S_{BC} = 4i_{BC} = 4 \times 4 = 16$$
$$S_{BA} = 4i_{BA} = 4 \times 6 = 24$$

② 计算分配系数

结点 D：
$$\mu_{DE} = \frac{18}{18+16} = 0.529$$
$$\mu_{DC} = \frac{16}{18+16} = 0.471$$
$$\sum_D \mu_{Dj} = \mu_{DE} + \mu_{DC} = 0.529 + 0.471 = 1，说明结点 D 计算无误$$

结点 C：
$$\mu_{CB} = \mu_{CD} = \frac{16}{16+16} = 0.5$$
$$\sum_C \mu_{Cj} = \mu_{CB} + \mu_{CD} = 0.5 + 0.5 = 1，说明结点 C 计算无误$$

结点 B：
$$\mu_{BC} = \frac{16}{24+16} = 0.4$$
$$\mu_{BA} = \frac{24}{24+16} = 0.6$$
$$\sum_B \mu_{Bj} = \mu_{BC} + \mu_{BA} = 0.4 + 0.6 = 1，说明结点 B 计算无误$$

(3) 计算传递系数 由表 18-1 查得

$$C_{BA} = C_{BC} = C_{CB} = C_{CD} = C_{DC} = \frac{1}{2}, \quad C_{DE} = 0$$

(4) 用图 18-8c 的格式进行力矩的分配与传递。并求出最后杆端弯矩值。

(5) 画弯矩图 根据各杆最后杆端弯矩和荷载，用叠加法画弯矩图如图 18-8d 所示。

例 18-4 的另一种解题方法提示：可以视结点为刚结点，轮流放松结点 B、C、D、

E 并分配力矩与传递力矩。

例 18-5 试作图 18-9a 所示刚架的弯矩图、剪力图和轴力图。

解 (1) 计算固端弯矩

由表 17-1 查得各杆的固端弯矩

$$M_{CE}^{F} = -\frac{ql^2}{12} = -\frac{1}{12} \times 10 \times 8^2 = -53.3 \text{kN·m}$$

$$M_{EC}^{F} = \frac{ql^2}{12} = 53.3 \text{kN·m}$$

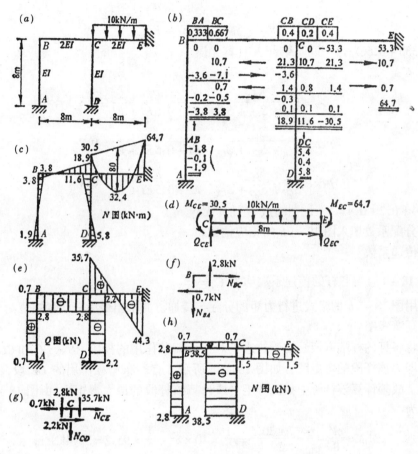

图 18-9

其余各固端弯矩均为零。将各固端弯矩填入图 18-9b 所示的相应位置。

(2) 计算分配系数

① 由表 18-1 查得各杆端的转动刚度 S

结点 B：

$$S_{BA} = 4i_{BA} = 4 \times \frac{EI}{8} = 0.5EI$$

$$S_{BC} = 4i_{BC} = 4 \times \frac{2EI}{8} = EI$$

结点 C：

$$S_{CB} = 4i_{CB} = EI$$

$$S_{CE} = 4i_{CE} = 4 \times \frac{2EI}{8} = EI$$

$$S_{CD} = 4i_{CD} = 4 \times \frac{EI}{8} = 0.5EI$$

② 计算分配系数

结点 B：

$$\mu_{BA} = \frac{S_{BA}}{S_{BA} + S_{BC}} = \frac{0.5EI}{0.5EI + EI} = 0.333$$

$$\mu_{BC} = \frac{S_{BC}}{S_{BA} + S_{BC}} = \frac{EI}{0.5EI + EI} = 0.667$$

校核：$0.333 + 0.667 = 1$　说明结点 B 计算无误。

结点 C：

$$\mu_{CB} = \frac{S_{CB}}{S_{CB} + S_{CD} + S_{DE}} = \frac{EI}{EI + 0.5EI + EI} = 0.4$$

$$\mu_{CD} = \frac{S_{CD}}{S_{CB} + S_{CD} + S_{CE}} = \frac{0.5EI}{EI + 0.5EI + EI} = 0.2$$

$$\mu_{CE} = \frac{S_{CE}}{S_{CB} + S_{CD} + S_{CE}} = \frac{EI}{EI + 0.5EI + EI} = 0.4$$

校核：$0.4 + 0.2 + 0.4 = 1$　说明结点 C 计算无误。

将各分配系数填入图 18－9b 的相应位置。

(3) 传递系数

由表 18－1 查得各杆的传递系数均为 $C_{ij} = \frac{1}{2}$。

(4) 用图 18－9b 的格式进行力矩的分配与传递。并求出最后杆端弯矩值。

(5) 画弯矩图

首先将各杆的杆端弯矩画在受拉边。对于无荷载作用的杆段 AB、BC 和 CD，连接各杆端弯矩即为该杆段的弯矩图，如图 18－9c 所示。有均布荷载作用的 CE 段，其弯矩图是抛物线，故须计算该杆跨中截面弯矩（或计算该杆段的最大弯矩）。由图 18－9c 可知，跨中弯矩为

$$M_{中} = \frac{ql^2}{8} - \frac{64.7 + 30.5}{2} = \frac{1}{8} \times 10 \times 8^2 - \frac{1}{2} \times 95.2 = 32.4 \text{kN·m}$$

将杆端和跨中三个截面的弯矩连成光滑曲线，画出 CE 段弯矩如图 18－9c 所示。

(6) 画剪力图

根据各杆的杆端弯矩及其作用在该杆段上的荷载，逐杆求出杆端剪力画剪力图。18－9a、c 可见

①AB、BC、CD 各杆无荷载，其剪力均等于常数，且

$$Q = -\frac{\sum M_{杆端}}{l}$$

于是

$$Q_{AB} = Q_{BA} = -\frac{-3.8 - 1.9}{8} = 0.7 \text{（kN）}$$

$$Q_{BC} = Q_{CE} = -\frac{3.8 + 18.9}{8} = -2.8 \text{（kN）}$$

$$Q_{CD} = Q_{DC} = -\frac{11.6 + 5.80}{8} = -2.2 \text{ (kN)}$$

② CE 杆上作用有均布荷载，剪力图应是一斜线，其杆端剪力可由图 18 - 9d 根据平衡条件求得。由 $\sum M_C = 0$ 得

$$Q_{EC} \times 8 + M_{EC} - M_{CE} + \frac{1}{2} \times 10 \times 8^2 = 0$$

∴　　　　$$Q_{EC} = \frac{1}{8}(30.5 - 64.7 - 320) = -44.3 \text{kN}$$

由 $\sum M_E = 0$ 得

$$Q_{CE} \times 8 + M_{EC} - M_{CE} - \frac{1}{2}ql^2 = 0$$

∴　　　　$$Q_{CE} = \frac{1}{8}(-64.7 + 30.5 + 320) = 35.7 \text{kN}$$

根据各杆端剪力，画剪力图如图 18 - 9c 所示。

(7) 画轴力图

利用结点的力的平衡条件，由杆端剪力求出杆端轴力画轴力图。

① 截取结点 B 为脱离体，其受力图如图 18 - 9f 所示（图中未画出弯矩）

由 $\sum X = 0$ 得　　　　$N_{BC} = 0.7\text{kN}$（拉）

由 $\sum Y = 0$ 得　　　　$N_{BA} = 2.8\text{kN}$（拉）

② 截取结点 C 为脱离体，其受力图如图 7 - 9g 所示（图中未画出弯矩）

由 $\sum Y = 0$ 得　　　　$N_{CB} = 0.7 - 2.2 = -1.5\text{kN}$（压）

由 $\sum Y = 0$ 得　　　　$N_{CD} = -35.7 - 2.8 = -38.5\text{kN}$（压）

根据各杆端轴力画轴力图如图 18 - 9h 所示。

本章小结

力矩分配法的理论基础是位移法，它是不需要解算联立方程而直接求得杆端弯矩的一种逐渐逼近的方法。它的优点是物理概念清楚，且计算时总是重复一个基本的运算过程，很容易掌握，多年来一直为工程技术人员所乐于采用。

固端弯矩、转动刚度、分配系数和传递系数，是力矩分配法的基本物理量，应理解其物理意义计算方法和用途。

用力矩分配法解题时要抓住下面三个主要环节：

1. 根据荷载求固端弯矩，由固端弯矩求出约束力矩。

2. 根据各杆端的转动刚度计算分配系数。将分配系数乘以反号的约束力矩得分配弯矩。

3. 将传递系数乘以分配弯矩得各杆的远端（它端）的传递弯矩。

力矩分配法只适应于连续梁和结点无侧移刚架的计算。对于有侧移刚架，需要有其它方法配合才可使用，可参考有关书籍。

思 考 题

18 - 1　什么叫固端弯矩？如何计算约束力矩？为什么要将约束力矩变号后才进行分

配？

18-2 什么叫转动刚度？分配系数和转动刚度有什么关系？为什么相交于同一结点的各杆端的分配系数之和总是等于1？

18-3 什么叫传递系数？如何确定传递系数？

18-4 力矩分配法应用的条件是什么？为什么？

18-5 力矩分配法的基本运算步骤有哪些？每一步的物理意义是什么？

18-6 用力矩分配法计算多结点的连续梁和结点无侧移刚架时，为什么每次只放松一个结点？同时放松两个以上结点可以吗？

18-7 用力矩分配法计算多结点的连续梁和结点无侧移刚架时，应该首先放松什么样的结点？为什么？

18-8 用力矩分配法计算连续梁和刚架时，为什么结点的约束力矩会趋于零？

习　题

18-1 利用分配系数和传递系数的概念，画图示结构的弯矩图。

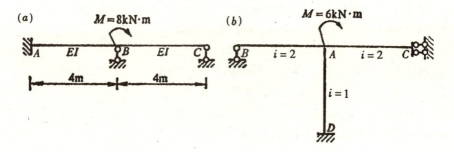

习题 18-1 图

18-2 用力矩分配法求图示两跨连续梁的杆端弯矩，作弯矩图。

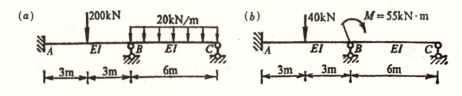

习题 18-2 图

18-3 用力矩分配法求图示两跨连续梁的杆端弯矩，作弯矩图。

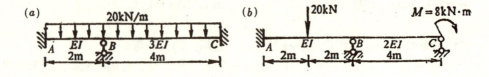

习题 18-3 图

18-4 用力矩分配法求图示连续梁的杆端弯矩，作弯矩图。

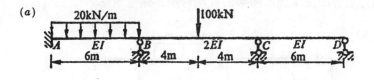

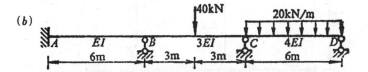

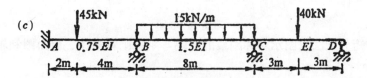

习题 18 – 4 图

18 – 5 用力矩分配法求图示对称连续梁的杆端弯矩，画弯矩图、剪力图。

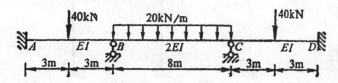

习题 18 – 5 图

18 – 6 用力矩分配法求图示连续梁的杆端弯矩画弯矩图和剪力图，并求支座反力。

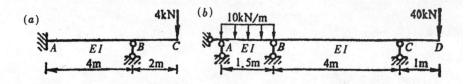

习题 18 – 6 图

18 – 7 用力矩分配法求图示刚架的杆端弯矩，画弯矩图。

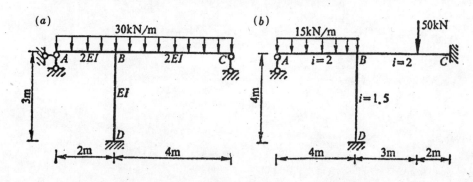

习题 18 – 7 图

18-8　用力矩分配法求图示刚架的杆端弯矩，画弯矩图。

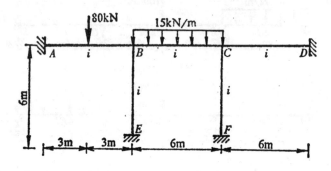

习题 18-8 图

18-9用力矩分配法求图示对称刚架的杆端弯矩，画弯矩图、剪力图和轴力图。各杆 EI = 常数。

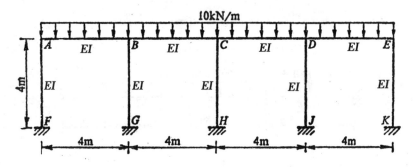

习题 18-9 图

第十九章 影响线

第一节 影响线的概念

前面各章所讨论的荷载都是固定荷载，即荷载作用点的位置是固定不变的。但有些结构所承受的荷载其作用点在结构上是移动的。例如，桥梁要承受火车、汽车和走动的人群等荷载；厂房中的吊车梁要承受移动的吊车荷载等。图 19－1 所示为工业厂房中的吊车梁，当吊车轮压力 P 沿梁移动时，梁的支座反力以及梁上各截面的内力（M、Q、N）都将随之而发生变化。可见，结构的反力、内力和位移随荷载位置的移动而改变，这是移动荷

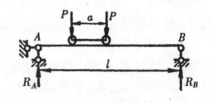

图 19－1

载作用下结构计算问题的特点。为了求得反力和内力的最大值，作为结构设计的依据，就必须研究荷载移动时，梁的反力和内力的变化规律。但是，由于移动荷载的作用，即使是同一梁的不同支座的反力和不同截面的内力的变化规律也是各不相的，图 19－1 中吊车由 A 向 B 移动时，反力 R_A 将逐渐减小，而 R_B 则逐渐增大。因此，每次只能讨论某一支座的某种反力或某一截面的某种内力的变化规律。为了叙述的简练，把反力、内力（包括弯矩 M、剪力 Q 和轴力 N）和位移统称为"量值"。

工程实际中的移动荷载是多种多样的，通常是由许多个间距不变、大小不等的竖向荷载（例如桥梁上汽车车队的轮压）所组成，事实上不可能针对每一个具体的移动荷载组作用下，一一研究其对某一截面某一量值的变化规律。一般只需研究具有典型意义的一个竖向单位集中荷载 $P=1$ 沿结构移动时，某一量值的变化规律，就可以利用叠加原理，求出各种分布力或多个组合集中力移动时，对该量值的影响。

表示竖向单位集中荷载 $P=1$ 沿结构移动时，某量值变化规律的图形，称为该量值的影响线图，简称为影响线。

第二节 单跨静定梁的影响线

一、简支梁的影响线

1. 反力影响线

现先研究如何确定图 19－2a 所示的简支梁支座反力 R_B 的影响线。由于荷线的大小 $P=1$ 是确定的，为此，可以取梁的左支座 A 为原点，以荷载的作用点到 A 的距离为变化量 x。由图 19－2a 可知，当荷载由 A 称到 B 时，x 由 0 变到 l。设支座反力 R_B 以向上为正，用简支梁的平衡条件 $\sum M_A=0$，可以列出以 x 为变量的支座反力 R_B 的表达式

$$R_B = \frac{x}{l}P = \frac{x}{l} \quad (0 \leqslant x \leqslant l)$$

这就是支座反力 R_B 的影响线方程，它是 x 的一次函数。如果取横坐标 x 表示移动荷载的作用位置，纵坐标 y 表示当移动荷载作用在此位置时，所产生的 R_B 值，则只需两点便可画出这条直线。

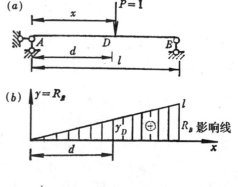

当
$$\begin{cases} x = 0 \text{ 时}, R_B = 0 \\ x = l \text{ 时}, R_B = 1 \end{cases}$$

画得 R_B 的影响线如图 19-2b 所示。在画影响线图时，通常规定正值的竖标画在基线的上方，且在影响线图上应标明正、负号。

由 R_B 的影响线可以看出，单位移动荷载作用点的位置由 A 移动到 B，支座反力 R_B 的值由 0 增大到 1。当单位移动荷动作用在支座 B 上，R_B 是最大值。R_B 影响线上某一位置纵坐标的物理意义是：当单位移动荷载 $P=1$ 作用于该处时反力 R_B 的大小。例如图 19-2b 中的纵坐标 y_D，即表示当 $P=1$ 作用于 D 点时，反力 R_B 的大小。因为 y_D 是正值，说明 R_B 的方向是向上的。

图 19-2

由 R_B 影响线的绘制过程可知，画影响线的一般步骤是：

（1）选择坐标系，定坐标原点，并以单位移动荷载 $P=1$ 的作用点与坐标原点的距离 x 为变量；

（2）用静力平衡条件推导出所求量值的影响线方程式；注明表达式的适用区间；

（3）根据方程式画影响线。

现在继续作支座 A 的反力 R_A 的影响线。

（1）选择坐标系

仍取梁的左支座 A 为原点，以荷载的作用点到 A 的距离为变量 x。如图 19-3a 所示。

（2）列影响线方程

利用简支梁的平衡条件 $\sum M_B = 0$，即
$$R_A \cdot l - (l - x) = 0$$

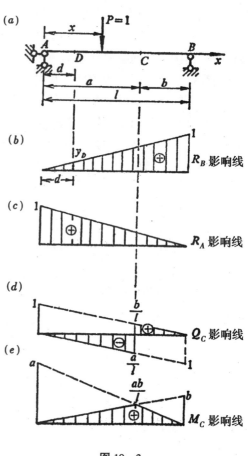

图 19-3

写出 R_A 表达式为

$$R_A = \frac{l - x}{l} = 1 - \frac{x}{l} \quad (0 \leqslant x \leqslant l)$$

这就是支座反力 R_A 的影响线方程，方程式仍是 x 的一次函数，因而，其图形仍是一

根斜直线。

（3）画影响线图

根据影响线方程，由

$$\begin{cases} x = 0 \text{ 时}, & R_A = 1 \\ x = l \text{ 时}, & R_A = 0 \end{cases}$$

可以画出支座反力 R_A 的影响线，如图 19-3c 所示。由图可以清楚地看出，单位移动荷载作用点的位置由 A 移动到 B，支座反力 R_A 的值由 1 逐渐减小到 0。当单位移动荷载作用在 A 支座上时，R_A 是最大值。

2. 剪力影响线

作简支梁上任一截面 C 的剪力影响线时，其步骤是：

（1）坐标系与求支座反力影响线时一致，见图 8-3a。

（2）列影响线方程。

为了列出截面 C 的剪力影响线方程式，必须切开截面 C，然后取脱离体。由材料力学知，移动荷载 $P = 1$ 作用于 C 点以左或以右时剪力 Q_C 具有不同的表达式，故应分别用平衡方程列出。

当 $P = 1$ 在 AC 段移动时，截取截面 C 以右的 CB 部分为脱离体比较简单。按通常规定剪力对所取脱离体产生顺时针旋转时为正。由平衡条件 $\sum Y = 0$，可得影响线方程为

$$Q_C = -R_B = -\frac{x}{l} \quad (0 \leqslant x \leqslant a)$$

当 $P = 1$ 在 CB 段移动时，截取 AC 段为脱离体，由平衡条件 $\sum Y = 0$，可得影响线方程为

$$Q_C = R_A = 1 - \frac{x}{l} \quad (a \leqslant x \leqslant l)$$

（3）画影响线图。

由 Q_C 的影响线方程可见，当 $P = 1$ 作用于 AC 段时，剪力 Q_C 的变化与支座 B 的反力 R_B 在 AC 段的变化规律相同，但符号相反。当 $P = 1$ 作用于 CB 段时，剪力 Q_C 的变化与支座 A 的反力 R_A 在 CB 段的变化规律完全一致。因此，画 AC 段剪力 Q_C 的影响线时，只要将 R_B 的影响线反号并截取其中对应于 AC 段的部分。画 CB 段 Q_C 的影响线时，只要截取 R_A 影响线的 CB 部分即可。如图 19-3d 所示。

由图 19-3d 可见，剪力影响线由两根平行线组成，按比例可以求出正值的最大值为 b/l，负值的最大值为 a/l。

3. 弯矩影响线

作简支梁任一截面 C 的弯矩影响线的步骤是：

（1）坐标系仍与求支座反力影响线时一致，见图 19-3a。

（2）列影响线方程仍需分段进行。

当 $P = 1$ 在 AC 段移动时，截取 CB 段为脱离体，由平衡条件 $\sum M_C = 0$，可得影响线方程为

$$M_C = R_B \cdot b = \frac{x}{l} b \quad (0 \leqslant x \leqslant a)$$

当 $P = 1$ 在 CB 段移动时，由于 AC 段脱离体的平衡条件 $\sum M_C = 0$，可得影响线方程为

$$M_C = R_A \cdot a = \left(1 - \frac{x}{l}\right) \cdot a \quad (a \leqslant x \leqslant l)$$

（3）画影响线图。

由 M_C 的影响线方程可见，AC 段 M_C 影响线的纵坐标是支座 B 处反力 R_B 影响线纵坐标的 b 倍。CB 段 M_C 影响线的纵坐标是支座 A 反力 R_A 影响线纵坐标的 a 倍。因此，作 AC 段 M_C 的影响线时，可以利用 R_B 影响线扩大 b 倍，然后保留其中 AC 部分即为 M_C 影响线的 AC 段。利用 R_A 影响线扩大 a 倍，然后保留其中 CB 部分即可。如图 19-3e 所示。

由图 19-3e 可见，分别以 $R_A \cdot a$ 和 $R_B \cdot b$ 三角形的比例关系，均可以算出 M_C 影响线的 AC、CB 两部分在 C 点的纵距都是 $\dfrac{ab}{l}$。因此，M_C 影响线是一个顶点在 C 的三角形如图 19-3e 所示。由图可以看出，当 $P=1$ 作用于 C 点时 M_C 是最大值。

在作影响线时，假定 $P=1$ 是没有单位的量，因此，反力 R_A、R_B 和剪力 Q 影响线的纵坐标也都没有单位；弯矩 M 影响线的纵坐标的单位是 [长度]。但是，当利用影响线研究实际荷载的影响时，要将影响线的纵坐标乘以实际荷载，这时再将荷载的单位计入，便可得到该量值的实际单位。

二、外伸梁的影响线

1. 反力影响线。

如果要作图 19-4a 所示外伸梁的支座反力 R_A 和 R_B 的影响线，其步骤为：

(1) 取支座 A 为坐标原点，以荷载作用点到支座 A 的距离 x 为变量，且取 x 以向右为正。

（2）列影响线方程。

利用简支梁的平衡条件可得

$$\left. \begin{array}{l} R_A = \dfrac{l-x}{l} \\ R_B = \dfrac{x}{l} \end{array} \right\} \quad (-l_1 \leqslant x \leqslant l + l_2)$$

（3）画影响线图。

这两个支座反力的影响线方程与简支梁的形式一样，反不同的是在外伸梁上集中荷载 $P=1$ 的简支梁的要大（方程式的变化区间是由 $-l_1$ 到 $l+l_2$）。所以，其影响线图形可以用简支梁的相应图形向伸臂部分作直线延伸。例如当 $P=1$ 在 AD 外伸段移动时，x 应取负值，因此，只要将相应简支梁的反力影响线向左边外伸部分延长。同理，当 $P=1$ 在 BE 外伸段移动时，x 为正值，因此，只要将相应简支梁的反力影响线向右边外伸部分延长，于是得到外伸梁的反力 R_A 和 R_B 的影响线，如图 19-4b，c 所示。

2. 跨中部分各截面的内力影响线

（1）坐标系与作支座反力影响线的一致，如图 19-4a 所示。

（2）列影响线方程。

与简支梁同，欲作截面 C 的剪力 Q_C 和弯矩 M_C 的影响线，首先应分段写出该量值的影响线方程。

当 $P=1$ 作用于 C 截面以左的 DAC 段时，截取 C 截面右边部分为脱离体，由平衡条件可得

$$\left. \begin{array}{l} Q_C = -R_B = -\dfrac{x}{l} \\ M_C = R_B \cdot b = \dfrac{x}{l}b \end{array} \right\} \quad (-l_1 \leqslant x \leqslant a)$$

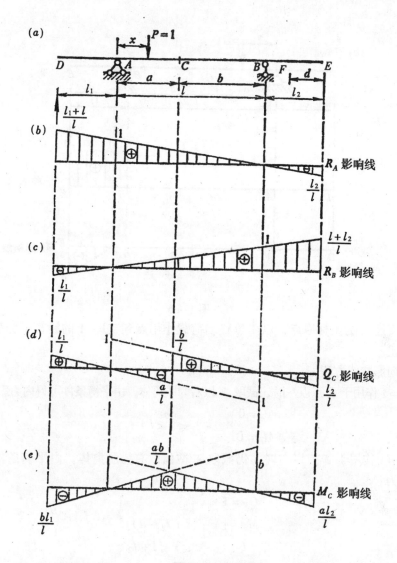

图 19 - 4

当 $P = 1$ 作用于 C 截面以右的 CBE 段时，截取 C 截面左边部分为脱离体，由平衡条件可得

$$\left.\begin{array}{l} Q_C = R_A = 1 - \dfrac{x}{l} \\[3mm] M_C = R_A \cdot a = \left(1 - \dfrac{x}{l}\right) a \end{array}\right\} \quad (a \leqslant x \leqslant l + l_2)$$

（3）画影响线图。

这两组方程与简支梁相应截面 C 内力影响线方程一样，只是荷载的作用范围比简支梁的要大。所以，其影响线图形只需将简支梁上相应截面的剪力 Q_C 和弯矩 M_C 的影响线向两边外伸部分延长，即可得到外伸梁的剪力 Q_C 和弯矩 M_C 影响线，分别如图 19 - 4d、e 所示。

3. 外伸部分截面的内力影响线

如果要作图 19 - 5a 所示外伸部分上任一 F 截面的内力影响线，其步骤为：

（1）选坐标。

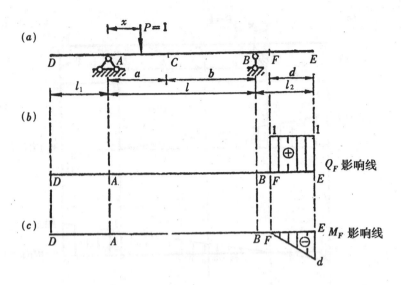

图 19-5

仍取支座 A 为坐标原点，以单位移动荷载作用点到支座 A 的距离 x 为变量，且令 x 以向右为正。

(2) 列影响线方程。

当 $P=1$ 作用于 F 点以左时，截取 F 以右为脱离体，由平衡条件可得内力影响线方程为：

$$\left.\begin{array}{l} Q_F = 0 \\ M_F = 0 \end{array}\right\} \quad -l_1 \leqslant x \leqslant l + l_2 - d$$

当 $P=1$ 作用于 F 点以右时，仍截取 F 截面以右为脱离体，由平衡条件可得内力影响线方程为

$$\left.\begin{array}{l} Q_F = 1 \\ M_F = \left[x - (l + l_2 - d) \right] \end{array}\right\}$$

其中： $\qquad l + l_2 - d \leqslant x \leqslant l + l_2$

(3) 画图。

根据方程式分别作剪力 Q_F 和弯矩 M_F 影响线如图 19-5b、c 所示。

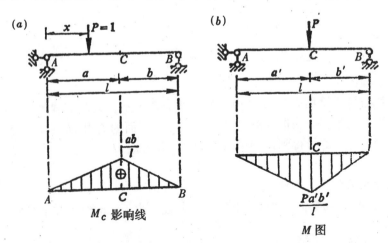

图 19-6

由图可以看出，单位荷载在 DF 段移动时，移动荷载对右边伸臂上的截面 F 没有剪力也没有弯矩。当单位荷载在 EF 段上移动时，F 截面的剪力 Q_F 影响线为常数，弯矩 M_F 的影响线是一根在 F 点为零，在 E 点为 d 的直线。也就是说，只有单位移动荷载作用在 F 截面以外时，才对截面的剪力、弯矩有影响。

学习影响线时，应特别注意不要把影响线和一个集中荷载作用下简支梁的弯矩图混淆，图 $19-6a$、b 分别是简支梁的弯矩影响线和弯矩图，这两个图形的形状虽然相似，但其概念却完全不同，现列表 $19-1$ 把两个图形的主要区别加以比较，以便更好地掌握影响线的概念。

表 $19-1$

	弯 矩 影 响 线	弯 矩 图
承受的荷载	数值为 1 的单位移动荷载，且无单位	作用位置固定不变的实际荷载，有单位
横坐标 x	横坐标表示单位移动荷载的作用位置	表示所求弯矩的截面位置
纵坐标 y	代表 $P=1$ 作用在此点时，在指定截面处所产生的弯矩；正值应画在基线的上侧；其单位是 [长度]	代表实际荷载作用在固定位置时，在此截面所产生的弯矩；弯矩画在杆件的受拉边不须标明正负号；其单位是 [力]·[长度]

*第三节 结点荷载作用下主梁的影响线

桥梁或房屋建筑中的某些主梁计算时，通常假定纵梁简支在横梁上，横梁再简支在主梁上，如图 $19-7a$ 所示。荷载直接作用在纵梁上，再通过横梁传到主梁，主梁上的这些荷载传递点称为主梁的结点。这样一来，不论荷载作用在纵梁的什么位置，其作用都是通过这些结点传递到主梁上，因而主梁总是在其结点处受集中力的作用。对于主梁来说，这种荷载称为结点荷载。本节就是讨论这种结点荷载作用下，主梁某些量值影响线的作法。

现以主梁上截面 C 的弯矩影响线为例说明。

仔细观察图 $19-7a$ 可见，当载荷移动金到结点 A、D、E、F、B 等处，这时与荷载直接作用在主梁上的情况完全相同。因此，可先作出荷载直接作用在主梁上时 M_C 的影响线，如图 $19-7b$ 所示。在此影响线中，各结点处的竖标 y_D、y_B、y_F 等，对于结点荷载来说也是正确的。

为了弄清楚荷载 $P=1$ 在结点之间移动时，对主梁的影响情况，设单位移动荷载 $P=1$ 作用在 D、E 两相邻结点之间即作用在 DE 桥梁上时，由图 $19-7c$ 可见，由于纵梁简支在横梁上，因而可利用纵梁的平衡条件 $\sum M_D=0$ 和 $\sum M_B=0$，分别求得横梁反力 $R_D=\frac{d-x}{d}$ 和 $R_E=\frac{x}{d}$。这组支座反力通过横梁传给主梁，即主梁在点 D、E 处分别受到结点荷载 $\frac{d-x}{d}$ 和 $\frac{x}{d}$ 的作用。由影响线的定义可知；当单位移动载荷 $P=1$ 作用在主梁的结点 D 时，$M_C=y_D$；当单位移动荷载 $P=1$ 作用在主梁的结点 E 时，$M_C=y_E$，如图 $19-7b$ 所示。则根据叠加原理，当 $P=\frac{d-x}{d}$ 作用于主梁的结点 D 时，$M_C=\frac{d-x}{d}\cdot y_D$；当 $P=\frac{x}{d}$ 作

用于主梁的结点 E 时，$M_C = \dfrac{x}{d} \cdot y_B$。两者共同作用时

$$M_C = \frac{d-x}{d} \cdot y_D + \frac{x}{d} \cdot y_E$$

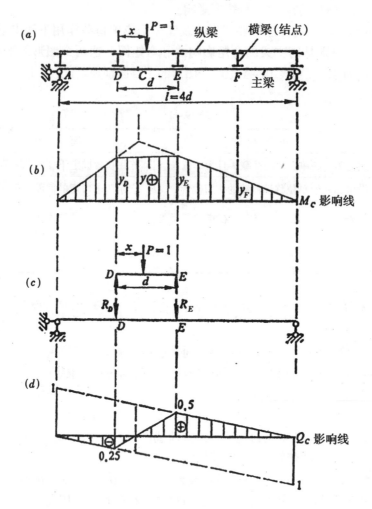

图 19－7

这就是单位移动荷载 $P = 1$ 作用在纵梁的 D、E 结点之间时，主梁 DE 段的影响线方程。方程式是 x 的一次式，说明在 DE 段 M_C 的影响线是一条直线。而且

$$当\ x = 0\ 时，M_C = y_D$$

$$当\ x = d\ 时，M_C = y_B$$

可知，这条直线就是纵坐标 y_D 和 y_B 顶点的连线，如图 19－7b 所示。

同理，当单位移动荷载 $P = 1$ 作用在 AE、EF、FB 各段纵梁上时，各段影响线也应该是各段两结点处影响线纵坐标的顶点连一直线。结果是主梁的影响线与荷载直接作用在主梁上时完全一致。因此，在结点荷载作用下，主梁 M_C 的影响线如图 19－7b 中的实线所示。

综上所述可见：绘制结点荷载作用下，其量值影响线的步骤是：

(1) 作出直接荷载作用下所求量值的影响线；

(2) 确定各结点处的纵坐标值；

(3) 在每一根纵梁范围内，将各结点处纵坐标的顶点连一直线，即为该量值的影响线。

依照上述作法，可作出主梁上截面 C 的剪力 Q_C 影响线，如图 $19-7d$ 中的实线所示。

例 19 - 1 试作图 $19-8a$ 所示结点荷载作用下，主梁的支座反力影响线和截面 C 的内力影响线。已知：$l=5d$，$l_1=2\text{m}$，$a=3\text{m}$，$b=2\text{m}$，$d=2\text{m}$。

解 （1）R_A 的影响线

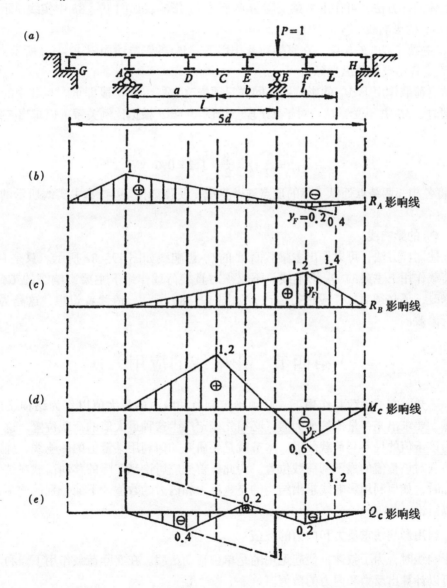

图 19 - 8

① 作主梁（ABL 外伸梁）在直接荷载作用下，支座 A 反力 R_A 影响线如图 $19-8b$ 中所示。

② 确定各结点处纵坐标值。

观察可见，AD、DE、EF 各梁段，结点荷载作用下主梁的影响线与直接荷载作用时完全一样，只有 GA、FH 两段须计算结点荷载。由图根据比例关系可求得 $y_F = \dfrac{1}{5}$，其余 $y_C = y_B = 0$，$y_A = 1$。

③ 将各相邻结点处纵坐标的顶点连一直线，便得如图 $19-8b$ 中实线所示的 R_A 影响线。

（2）R_B 的影响线

用上述同样方法，可作出主梁支座 B 的反力 R_B 影响线如图 $19-8c$ 中实线所示。

（3）M_C 的影响线

① 作主梁（ABL 外伸梁）在直接荷载作用下，M_C 的影响线如图 $19-8d$ 所示。

② 确定各结点处的纵坐标值

在结点荷载作用下 M_C 的影响线，同样只须修改 GA、FH 两段即可，且其中的 GA 段承受荷载时，M_C 并不受影响。对于 FH 段，由图 $19-8d$ 根据比例关系可以求出 F 结点处的 $M_C = y_F$ 为

$$y_F = \frac{1}{2} y_L = \frac{1}{2} \times 1.2 = 0.6$$

③ 将各相邻两结点处纵坐标的顶点连一直线，便得如图 $19-8d$ 中实线所示的 M_C 响影线。

（4）Q_C 的影响线

用上述同样方法，可以作出主梁截面 C 的 Q_C 影响线如图 $19-8e$ 所示。只是应注意，在结点荷载作用下主梁的 Q_C 影响线，不仅须对直接荷载作用下主梁影响线的 GA 和 FH 段进行修改，还必须对 DE 段进行修改，如图 $19-8e$ 所示。请读者想想，这是为什么？如何进行修改。

第四节　影响线的应用

由前述知，在移动荷载作用下，必须确定反力和内力的最大值以作为结构设计的依据。显然，要求出某一量值的最大值，必须先确定产生这种最大值的荷载位置。这个荷载位置称为该量值的最不利荷载位置。本节就是要研究如何利用某量值的影响线，确定实际的移动荷载对该量值的最不利荷载位置。为此，首先应讨论当实际的移动荷载在结构上的位置已知时，如何利用影响线求出结构的支座反力和内力的数值。下面分别就这两方面的问题加以讨论。

一、利用影响线求反力和内力的数值

作影响线时，为了叙述方便起见用的是单位移动荷载。在实际荷载作用下，利用叠加原理就可以计算出反力和内力的数值。

1. 一组集中荷载作用时

图 $19-9a$ 所示 AB 梁，在位置固定的集中荷载 P 作用下，可以利用影响线求截面 C 的弯矩值。其步骤是：

(1) 画欲求弯矩的截面 C 的 M_C 影响线图, 如图 19 – 9b 所示。

(2) 计算 P 作用点处, M_C 影响线图上的 y_K 值, 这可以由图按比例求得

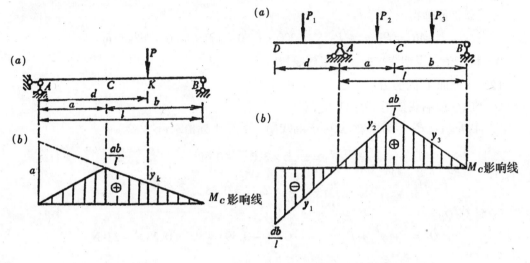

图 19 – 9   图 19 – 10

$$y_K = \frac{a(l - d)}{l}$$

(3) 根据叠加原理计算弯矩 M_C 为

$$M_C = P \cdot y_K = P \frac{a(l - d)}{l}$$

外伸梁 AB, 当承受位置固定的一组集中荷载 P_1、P_2、P_3 作用如图 19 – 10a 所示, 求截面 C 的弯矩 M_C 的步骤仍然是:

(1) 画截面 C 的弯矩影响线如图 19 – 10b 所示。

(2) 计算各 P_i 作用点处, 影响线的纵坐标 y_1、y_2、y_3。

(3) 根据叠加原理计算在 P_1、P_2、P_3 共同作用下, 截面 C 的弯矩值为

$$M_C = P_1 \cdot y_1 + P_2 \cdot y_2 + P_3 \cdot y_3 = \sum_1^3 P_i \cdot y_i$$

在此类推, 如果在一系列荷载 P_1、P_2、$\cdots$、P_n 作用下, 只要将结构的某一量值的影响线画出, 在相对于各荷载作用点处的纵坐标分别为 y_1、y_2、$\cdots$、y_n。则该量值 S 为

$$S = P_1 \cdot y_1 + P_2 \cdot y_2 + \cdots + P_n \cdot y_n = \sum_{i=1}^n P_i \cdot y_i \qquad (19 – 1)$$

利用 (19 – 1) 式求量值, 应注意影响线纵坐标的正, 负。如图 19 – 10 的 y_1 是负值。

例 19 – 2 试利用影响线计算图 19 – 11a 所示吊车梁截面 C 的弯矩 M_C 和剪力 Q_C。吊车轮压 P_1、P_2 的大小和作用点位置如图所示。

解 (1) 求截面 C 的弯矩 M_C

① 画 M_C 影响线如图 19 – 11b。

② 计算 P_1、P_2 作用点处, M_C 影响线图上的纵坐标值 y_1、y_2。

$$y_1 = \frac{3.81}{7.62} \times 3 = 1.50\text{m}$$

$$y_2 = \frac{3.81}{7.62} \times 2.12 = 1.06m$$

③ 计算 M_C。

根据叠加原理得

$$MC = P_1 \cdot y_1 + P_2 \cdot y_2 = 300 \times 1.50 + 300 \times 1.06 = 768kN \cdot m$$

M_C 得正值，说明弯矩使梁的下侧受拉。

(2) 求截面 C 的剪力 Q_C

① 画 Q_C 影响线如图 19-11c。

② 计算 P_1、P_2 作用点处，Q_C 影响线图上的纵坐标值 y'_1、y'_2。

$$y'_1 = \frac{-1}{7.62} \times 3.0 = -0.39$$

$$y'_2 = \frac{1}{7.62} \times 2.12 = 0.28$$

③ 计算 Q_C。

$$Q_C = P_1 \cdot y'_1 + P_2 \cdot y'_2 = 300 \times (-0.39) + 300 \times 0.28 = -33kN$$

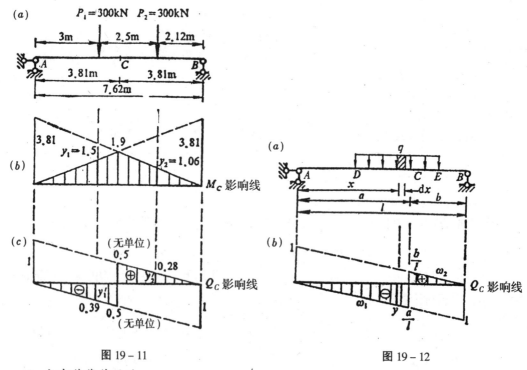

图 19-11   图 19-12

2. 分布荷载作用时

图 19-12a 所示简支梁，在 DE 段承受均布荷载 q 作用下。试利用影响线求此均布荷载作用下，截面 C 的剪力 Q_C 的大小。

在均布荷载作用下，利用影响线求结构某量值的步骤仍然是：

(1) 画 Q_C 影响线如图 19-12b。

(2) 将均布荷载沿其作用线长度方向划分为许多无穷小的微段 dx，每一微段上的荷载 qdx 作为集中荷载处理，其所对应的 Q_C 影响线图上的纵坐标为 y。在微段 qdx 集中荷载作用下，截面 C 的剪力 $\mathrm{d}Q_C = y \cdot q\mathrm{d}x$。进行积分便可得到全部均布荷载作用下，截面 C 的剪力值为

$$Q_C = \int_D^E y \cdot q \cdot \mathrm{d}x = q \cdot \int_D^E y\mathrm{d}x = q\omega = q\omega_1 + q\omega_2 = \sum_1^2 q\omega_i$$

式中 ω_i 是影响线在荷载分布范围内的面积。（应注意 ω_i 的正负号。）

以此类推，如果梁上作用有荷载集度不同，或不连续的分布荷载时，则应逐段计算，然后求其总和，即

$$S = \sum_{i=1}^n q_i\omega_i \qquad\qquad (19-2)$$

方程式说明：在均布荷载作用下，某量值 S 的大小，等于荷载集度 q 与该量值影响线在荷载分布范围内面积 ω 的相乘积。应注意的是：在计算面积 ω 时，应考虑影响线纵坐标的正、负号。例如在图 19-12 中 ω_1 为负值，ω_2 为正值。

例 19-3 试利用影响线计算图 19-13a 所示简支梁，在图示荷载作用下，截面 C 的剪力 Q_C 值。

解 （1）画 Q_C 影响线如图 19-13b。

（2）计算 P 作用点处及 q 作用范围边缘所对应的、影响线图上的纵坐标 y 值，见图 8-13b 所示。

（3）计算 Q_C。

$Q_C = P \cdot y_D + q \cdot (\omega_2 - \omega_1)$

$= 20 \times 0.4 + 10 \times \left[\frac{1}{2}(0.2+0.6) \times 2.4 - \frac{1}{2}(0.2+0.4) \times 1.2\right]$

$= 14\mathrm{kN}$

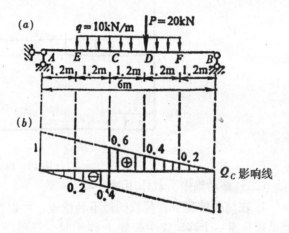

图 19-13

二、利用影响线确定荷载的最不利位置

在结构设计中，需求出量值 S 的最大值 S_{max} 或最小值 S_{min} 作为设计的依据。为此，必须先确定使其发生最大值的最不利荷载位置。只要所求量值的最不利荷载位置确定下来，将移动荷载作用在最不利位置上，便可按上述方法计算该量值的最大值或最小值。影响线的最重要的作用，就是用它一判定最不利荷载位置。

（一）移动的均布荷载作用时

对于移动均布荷载，由于它可以任意断续布置（例如人群、货物等活荷载），所以最不利荷载位置是较容易确定的。由式（19-2）知，$S = \sum_{i=1}^n q_i\omega_i$ 中 ω_i 量值是 S 影响线的面积。因此，当均布移动荷载布满对应影响线正号面积的部分时，则产生量值的最大值 S_{max}，反之，当均布移动荷载布满对应影响线负号面积的部分时，则产生量值的最小值 S_{min}。例如，欲求图 9-14a 所示外伸梁中截面 C 的弯矩最大值 $M_{C_{max}}$ 和最小值 $M_{C_{min}}$，相应

的最不利荷载位置应如图 9-14c、d 所示。

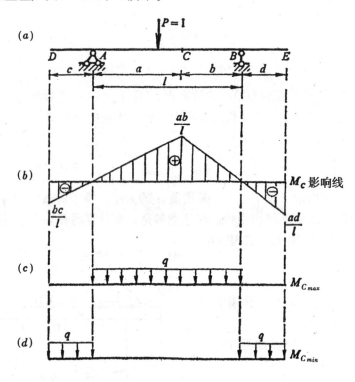

图 19-14

（二）移动集中荷载作用时

1. 在简单情况下，荷载的最不利位置，可以根据影响线的情况直接判断决定。例如，当结构只受一个移动集中荷载 P 作用时，只要将 P 力置于该量值 S 影响线的最大纵标 y 处，就可得 S 的最大值 $S = P \cdot y$。如图 19-14a 所示，当移动荷载 P 作用于截面 C 处，便可求得截面 C 的 $M_{C_{max}}$ 为

$$M_{C_{max}} = P \cdot y_C = \frac{P \cdot a \cdot b}{l}$$

当移动荷载作用于截面 E 处，便可求得截面 C 的 $M_{C_{min}}$ 为

$$M_{C_{min}} = P \cdot y_E = \frac{P \cdot a \cdot d}{l}$$

2. 如果移动荷载是多个集中荷载，当其在最不利位置时，必有一个集中荷载作用在某量值影响线的顶点处，则可以采用试算法确定最不利荷载位置。

图 19-15a 表示一组每个荷载的大小和相互之间距离保持不变的移动，例如汽车车队荷载或吊车轮压。图 19-

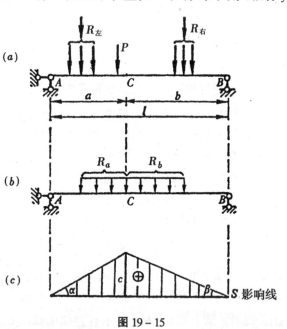

图 19-15

$15c$ 是某量值的三角形影响线。现在来找使 S 有最大值时荷载的最不利位置。

在移动荷载中选定一个 P_K，将 P_K 置于 S 影响线的顶点上。以 $R_左$ 表示 P_K 左边荷载的合力，$R_右$ 表示 P_K 右边荷载的合力。如果这一位置能使 S 有极大值，那么，不论荷载向左或向右移动时，都必然会使 S 减小，也就是说，使 S 的改变量 ΔS 有负值，即 $\Delta S < 0$。

将 P_K 置于线的顶点位置后，使荷载向右移动 Δx 时，（设 Δx 以向右为正。）P_K 亦将移到影响线顶点之右，相应的影响线纵坐标改变量，在顶点之左为 $\Delta y_1 = \Delta x \cdot \operatorname{tg} \alpha$。在顶点之右为 $\Delta y_2 = - \Delta x \cdot \operatorname{tg} \beta$。于是

$$\Delta S_1 = R_左 \cdot \Delta y_1 + (P_K + R_右)\Delta y_2 = R_左 \cdot \Delta x \operatorname{tg} \alpha - (P_K + R_右) \cdot \Delta x \cdot \operatorname{tg} \beta$$
$$= \Delta x \left[R_左 \cdot \operatorname{tg} \alpha - (P_K + R_右) \operatorname{tg} \beta \right] < 0$$

因 Δx 为正值，则

$$R_左 \cdot \operatorname{tg} \alpha - (P_K + R_右) \cdot \operatorname{tg} \beta < 0$$

再将 P_K 置于线的顶点后，使荷载向左移动（$-\Delta x$）时，P_K 将移到影响线顶点之左，则

$$\Delta S_2 = (R_左 + P_K) \cdot (-\Delta x) \cdot \operatorname{tg} \alpha - R_右 \cdot (-\Delta x) \operatorname{tg} \beta$$
$$= -\Delta x \left[(R_左 + P_K) \cdot \operatorname{tg} \alpha - R_右 \cdot \operatorname{tg} \beta \right] < 0$$
$$\therefore \qquad (P_K + R_左) \cdot \operatorname{tg} \alpha - R_右 \cdot \operatorname{tg} \beta > 0 \qquad\qquad (b)$$

将 (a)、(b) 式中后项移项可得

$$\left. \begin{aligned} R_左 \cdot \operatorname{tg} \alpha &< (P_K + R_右) \operatorname{tg} \beta \\ (P_K + R_左) \operatorname{tg} \alpha &> R_右 \cdot \operatorname{tg} \beta \end{aligned} \right\} \qquad\qquad (c)$$

由图 $19-15c$ 可见

$$\operatorname{tg} \alpha = \frac{c}{a}; \qquad \operatorname{tg} \beta = \frac{c}{b}$$

代入 (c) 式得

$$\left. \begin{aligned} \frac{R_左}{a} &< \frac{P_K + R_右}{b} \\ \frac{P_K + R_左}{a} &> \frac{R_右}{b} \end{aligned} \right\} \qquad\qquad (19-3)$$

式 $(19-3)$ 是三角形影响线的判别式。方程式说明，如果把不等式的左边和右边分别视为 a 段和 b 段的平均荷载。则 P_K 计入影响线顶点的哪一边，这一边的平均荷载就比另一边的大。当这个荷载 P_K 位于影响线顶点时，S 将有极大值，这一荷载位置称为临界位置，荷载 P_K 称为临界荷载。由此可见，方程式 $(19-3)$ 是三角形影响线试算确定最不利荷载位置时，临界荷载必须满足的条件，称为三角形影响线**临界荷载判别式**。

当均布荷载跨过三角形影响线的顶点如图 $19-15b$ 所示时，可由 $\dfrac{\mathrm{d}S}{\mathrm{d}x} = 0$ 的条件确定临界位置。这时 $\dfrac{\mathrm{d}S}{\mathrm{d}x} = \sum R_i \cdot \operatorname{tg} \alpha_i$，于是由图 $19-15b$、c 可见

$$\frac{\mathrm{d}S}{\mathrm{d}x} = \sum R_i \operatorname{tg} \alpha_i = R_a \cdot \frac{c}{a} - R_b \frac{c}{b} = 0$$

得

$$\frac{R_a}{a} = \frac{R_b}{b} \qquad (19-4)$$

方程式说明，左、右两段的平均荷载应相等。

应用方程式（19-3）时须注意：

（1）影响线图形必须是三角形。

（2）有时在一组荷载中，有不只一个 P_K 能满足式（19-3），这时应分别计算出 S 的各个极值，从中选出最大的 S，这个 S 对所应的荷载位置就是最不利荷载位置。

（3）有时最大值也可能发生在 Δy 由大于零变为等于零，或由等于零变为小于零的情况。

现举例说明利用影响线确定荷载的最不利位置，从而计算最大弯矩的步骤。

例 19-4 图 19-16a 示一跨度为 12m 的简支式吊车梁，同时有两台吊车在其上工作。试求跨中截面 C 的最大弯矩。

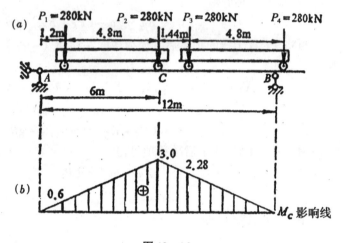

图 19-16

解 （1）画 M_C 影响线如图 19-16b 所示。

（2）判别临界荷载

首先应分析选择哪个荷载为临界荷载时，可以产生 $M_{C_{max}}$。本题可设 P_2 为临界荷载 P_K，这时应注意：当 P_2 作用于三角形影响线顶点所对应的截面 C 时，AB 梁上将只有 P_1、P_2、P_3 三个荷载作用，P_4 已经位于 AB 梁之外，计算时不能再计入。于是由判断式（19-3）得

$$\frac{R_{左}}{a} = \frac{280}{6} = \frac{140}{3} < \frac{P_K + R_{右}}{b} = \frac{280+280}{6} = \frac{280}{3} \Big\}$$

$$\frac{P_K + R_{左}}{a} = \frac{280+280}{6} = \frac{280}{3} > \frac{R_{右}}{b} = \frac{280}{6} = \frac{140}{3} \Big\}$$

由计算结果可见，P_2 是临界荷载。

（3）求 $M_{C_{max}}$

将 P_2 作用于截面 C，计算 P_1、P_2、P_3 共同作用下截面 C 的弯矩，即为 $M_{C_{max}}$。为此，须先按比例分别计算 P_1、P_2、P_3 作用点处所对应的 M_C 影响线图上的纵坐标值：$y_1 = 0.6$，$y_2 = 3$，$y_3 = 2.28$。然后计算 $M_{C_{max}}$ 为

$$M_{C_{max}} = 280(0.6+3+2.28) = 1646 \text{kN·m}$$

第五节　简支梁的内力包络图和绝对最大弯矩

在设计吊车梁、楼盖的连续梁或者桥梁等结构时，必须求出移动荷载作用下，全梁各

截面弯矩 M、剪力 Q 最大值中的最大值，这种最大值称为绝对最大弯矩和绝对最大剪力。绝对最大值应包括最大正值和最大负值，最大负值又称最小值。

用上节所述通过确定最不利荷载位置，进而确定内力最大值的方法，只能确定某一个指定截面内力（M、Q）的最大值。如果用此法求出梁上若干截面内力的最大值，并按同一比例标在图上连成曲线，这一曲线称为内力包络图。包络图是结构设计中的重要工具，根据它可以选择合理的截面尺寸，在钢筋混凝土梁设计时，包络图是布置钢筋的依据。

综上所述，本节内容主要有两部分：

下面分别说明简支梁的弯矩包络图和剪力包络图及简支梁绝对最大弯矩的求法。

一、简支梁的内力包络图

1. 简支梁在单个集中移动荷载 P 作用下（图 19–17a），其弯矩包络图和剪力包络图的作法是：

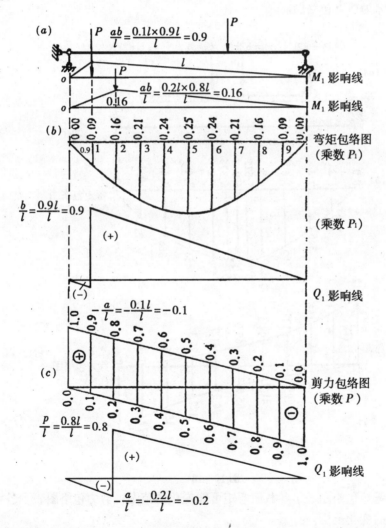

图 19–17

（1）将梁分成若干等分，对每一等分点所在截面，用上节所述方法求出其最大弯矩；

(2)以截面位置为横坐标,以移动荷载作用下在该截面所产生的最大弯矩为纵坐标,连接各纵坐标顶点的曲线,就是该梁在单个集中荷载 P 作用下的弯矩包络图如图 19 - 17b 所示。

对于剪力包络图,其作法与弯矩包络图一样,由于每一个截面在集中力 P 的左、右有两个剪力值,因此,剪力包络图应由两条曲线包络组成,如图 19 - 17c 所示。

2．现举例说明简支梁在一组距离不变的移动集中荷载作用下内力包络图的作法。

图 19 - 18a 所示为一跨度为 12m 的吊车梁,梁上行驶两台吊车,最大轮压力 82kN,轮距 3.5m,两台吊车并行的最小间距为 1.5m。画内力包络图的方法仍为:

(1) 把梁划分为若干等分 (现分为 10 等分),对每一等分截面,用上节所述方法求出弯矩和剪力的最大值和最小值;

(2) 以截面位置为横坐标,以移动荷载作用下在该截面所产生的最大弯矩和最大 (最小) 剪力为纵坐标,连接各纵坐标顶点的曲线,就是内力包络图。如图 19 - 18b 为弯矩包络图,图 19 - 18c 为剪力包络图。

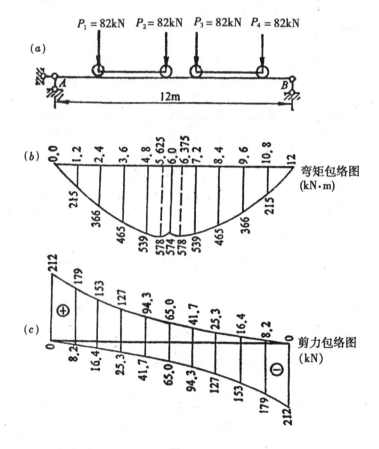

图 19 - 18

由图可见,弯矩包络图表示各截面弯矩可能变化的范围;剪力包络图表示各截面正号剪力到负号剪力的变化范围。

二、简支梁绝对最大弯矩的求法

现在介绍简支梁在一组数值和间距不变的集中荷载作用如图 19 - 19 所示时,如何求得梁内可能发生的绝对最大弯矩。

由前述知，荷载在任一位置时，梁的弯矩图的顶点总是发生在集中荷载的下面。因此，绝对最大弯矩一定发生在某一集中荷载的作用点处。于是，在这一组集中荷载中，选出一个 P_K，分析它移动到什么位置时，使其作用点处的弯矩达到最大。设以 x 表示 P_K 到支座 A 的距离，以 a 表示梁上荷载的合 R 与 P_K 作用线之间的距离，如图 19-19 所示。则由 $\sum M_B = 0$ 得 $R(l - x - a) - R_A \cdot l = 0$

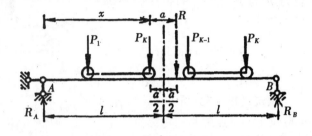

图 19-19

$$R_A = R\frac{(l - x - a)}{l} \qquad (a)$$

用 P_K 作用截面以左所有外力对 P_K 作用点取矩，可得 P_K 作用截面的弯矩 M_C 为

$$M_x = R_A x - M_K = R\frac{(l - x - a)}{l} \cdot x - M_K \qquad (b)$$

式中，M_K 为 P_K 以左各荷载对 P_K 作用点力矩的代数和，由于荷载间距不变，因而其值是与 x 无关的一个常数。由 M_x 方程式可见，这是个 x 的二次式，利用极值条件 $\dfrac{\mathrm{d}M_x}{\mathrm{d}x}$，得

$$\frac{R}{l} \cdot (l - a - 2x) = 0 \qquad (c)$$

可解得

$$x = \frac{l}{2} - \frac{a}{2} \qquad (19-4)$$

代入（b）式得最大弯矩为

$$M_{\max} = R\left(\frac{1}{2} - \frac{a}{2}\right)^2 \frac{1}{l} - M_K \qquad (19-5)$$

公式（19-5）和（19-6）说明，当 P_K 和合力 R 位于梁的中点两侧对称位置时，P_K 作用截面的弯矩达到最大值。应该特别注意的是，R 是梁上实有荷载的合力。当荷载系列较长，安排 P_K 和 R 的位置时，有些荷载可能进入梁跨范围内，有些则可能离开。若某些荷载不再位于梁上，这时就需要重新计算 R 的数值和作用位置。

原则上应按上述方法计算出每一个荷载作用处截面的最大弯矩并加以比较，选择其中最大者就是绝对最大弯矩。实际上，简支梁的绝对最大弯矩，通常总是发生在梁中点附近。19-18b 因此，欲求最大弯矩，应将行列荷载布满全跨或靠近梁中点布置，并将其中数值较大的荷载置于中间。然后确定一个靠近梁中点截面处的较大荷载作为临界荷载 P_K，并移动荷载系列，使选定的 P_K 与梁上荷载合力 R 的作用位置对称于梁的中点，再计算此时 P_K 作用点截面的弯矩值，此值往往就是绝对最大弯矩。

例 19-5 求图 19-20a 所示吊车梁的绝对最大弯矩。

解 由图 19-20a 可见，绝对最大弯矩将发生在荷载 P_2 或 P_3 作用的截面。

（1）先求 P_2 荷载为 P_K 时的最大弯矩

① 梁上荷载的合力 R

$$R = 82\text{kN} \times 4 = 328\text{kN}$$

② 确定 R 与 P_K 的间距 a

由于 $P_1 = P_2 = P_3 = P_4$，故其合力 R 与 P_2 和 P_3 的距离应相等，可求得

$$a = \frac{1.5}{2} = 0.75\text{m}$$

③ 确定 P_K 作用点位置

由式（19 – 5）可知 P_K 与合力 R 应位于梁中点两侧的对称位置上，因而 $P_K = P_2$ 距跨中为 $\frac{a}{2} = 0.375\text{m}$。

④ 计算最大弯矩

由式（19 – 6）求得

$$M_{\text{max}} = R\left(\frac{l}{2} - \frac{a}{2}\right)^2 \frac{1}{l} - M_K$$

$$= 328 \times (6 - 0.375)^2 \times \frac{1}{12} - (82 \times 3.5)$$

$$= 578\text{kN} \cdot \text{m}$$

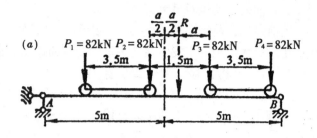

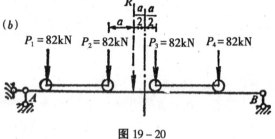

图 19 – 20

（2）求 P_3 为 P_K 时的最大弯矩

由于对称，P_3 为 P_K 时其荷载位置应如图 19 – 20b 所示。故其作用截面处的最大弯矩应与 P_2 为 P_K 时的最大弯矩相等。

（3）确定绝对最大弯矩

由以上计算可见，绝对最大弯矩为

$$M_{max} = 578\text{kN} \cdot \text{m}$$

即 19 – 18b 中弯矩包络图中的最大纵坐标

例 19 – 6 求图 19 – 21a 所示简支梁在行列荷载作用下的绝对最大弯矩，并与跨中截面 C 的最大弯矩进行比较。

解 （1）求跨中截面的最大弯矩

① 画 M_C 影响线如图 19 – 21b 所示。

② 判别临界荷载

本题可设 P_2 为临界荷载，故将 $P_K = P_2 = 130\text{kN}$ 置于影响线顶点时为最不利荷载位置。

③ 计算 $M_{C_{\text{max}}}$

$$M_{C_{\text{max}}} = 70 \times 3 + 130 \times 5 + 50 \times 2.5 + 100 \times 0.5 = 1035\text{kN} \cdot \text{m}。$$

（2）求 AB 梁的绝对最大弯矩

① 合力 R

$$R = 70 + 130 + 50 + 100 = 350\text{kN}$$

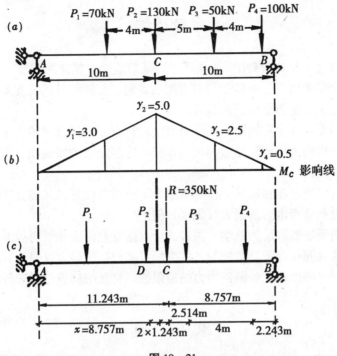

图 19 – 21

② 确定 P_K 以及 R 与 P_K 的间距

由图 19 – 21a 所示荷载可见，绝对最大弯矩将发生在 P_2 作用的截面，于是取 $P_K = P_2 = 130$kN。

确定 R 与 P_K 间距时，因为荷载组 P_1、P_2、P_3、P_4 各荷载大小和彼此间距不变，合力大小前面已经求出为 $R = 350$kN。故可用合力矩定理 $m_D(\overline{R}) = \sum m_D(\overline{P_i})$（即合力 R 对 P_K 作用点 D 之矩等于各分力对 P_K 作用点 D 之矩的代数和）求得 a 为

$$a = \frac{50 \times 5 + 100 \times 9 - 70 \times 4}{350} = 2.486\text{m}$$

③ 确定 P_K 作用点位置

由式（19 – 5）知

$$x = \frac{l}{2} - \frac{a}{2} = 10 - \frac{2.486}{2} = 8.757\text{m}$$

可见合力 R 与临界荷载 P_K 对称于梁的中点 C，如图 19 – 21c 所示。

④ 计算最大弯矩

由式（19 – 6）得

$$M_{D_{\max}} = R\left(\frac{l}{2} - \frac{a}{2}\right)^2 \times \frac{1}{l} - M_K = 350 \times \left(10 - \frac{2.486}{2}\right)^2 \times \frac{1}{20} - 70 \times 4$$
$$= 1342 - 280 = 1062\text{kN·m}$$

由计算结果可见，绝对最大弯矩（1062kN·m）比跨中最大弯矩（1035kN·m）大 2.6%，绝对最大弯矩所在截面距离跨中截面为 1.283m。因此，在初步设计时，用跨中最大弯矩代替绝对最大弯矩，造成的误差往往在允许范围内，但计算得到很大简化。

本章小结

影响线是单位竖向移动荷载 $P=1$ 作用下，某量值变化规律的图形。

影响线是一个新的概念，应注意与内力图的区别。要熟练掌握简支梁支座反力影响线的作法及图形，它是各量值影响线的基础。

单跨静定梁的支座反力和内力影响线由直线段组成，而连续梁的支座反力和内力影响线则由曲线组成。用静力法或机动法都可以作出单跨静定梁的影响线，用机动法可作出连续梁影响线的轮廓。

利用影响线可以确定在移动活载作用下的最不利荷载位置，从而计算结构设计中所需要的结构支座反力和截面内力的最大（最小）值。

结点荷载作用下的影响线为选学＊内容，可根据专业需要和学时的多少选择。

在恒载和活载共同作用下，结构的各截面所可能产生的最大（最小）内力值的外包线称为内力包络图。包络图表示各截面内力的极限值。它是结构设计时选择截面尺寸和布置钢筋的重要依据。

思　考　题

19－1　什么是影响线？影响线图中的横坐标和纵坐标的物理意义是什么？

19－2　影响线和内力图有什么区别？图思 19－2a、b 分别是简支梁截面 C 的剪力影响线和固定荷载 $P=1$ 作用在截面 C 时的剪力图，两图在 C 点均有突变，它们各有什么含义？

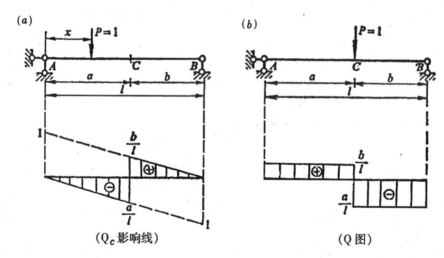

思 19－2

19－3　影响线方程式的物理意义是什么？试就图思 8－3 简支梁的 R_A、R_B、M_C、Q_C 影响线方程说明在什么情况下，影响线方程必须分段写出？

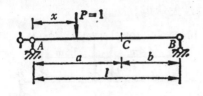

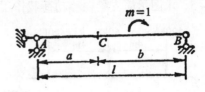

思 19-3　　　　　　　　　　　　　　思 19-4

19-4　试作单位移动力偶 $m=1$ 作用于图思 19-4 简支梁 AB 上时的 R_A、R_B、M_C、Q_C 影响线。

19-5　试作图思 19-5 所示多跨静定梁中截面 K 的 M_K 影响线和支座 C 处的 M_C 影响线。

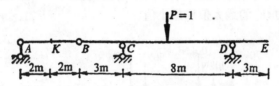

思 19-5

19-6　什么叫临界荷载和临界位置？确定它们的原则是什么？

19-7　简支梁的绝对最大弯矩与跨中截面的最大弯矩有什么区别？

19-8　什么叫内力包络图？包络图与内力图及内力影响线有什么区别？

习　　题

19-1　作图示悬臂梁支座 A 的反力 H_A、V_A、M_A 和截面 C 的弯矩 M_C、剪力 Q_C 影响线。

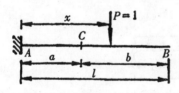

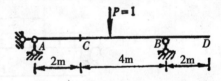

习题 19-1 图　　　　　　　　　　　习题 19-2 图

19-2　作图示伸臂梁支座反力 R_B 和截面 C 的弯矩 M_C、剪力 Q_C 影响线。

19-3　利用影响线求图示伸臂梁的 R_B、M_C、Q_C 值。

19-4　求图示简支梁在所给移动荷载作用下截面 C 的最大弯矩。

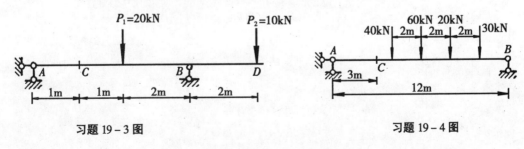

习题 19-3 图　　　　　　　　　　　习题 19-4 图

19-5 求图示简支梁在移动荷载作用下的绝对最大弯矩。

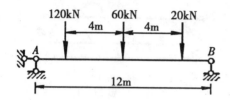

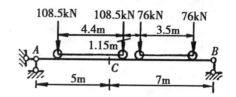

习题 19-5 图

习题 19-6 图

19-6 两台吊车如图所示，试求吊车梁的 M_C、Q_C 的荷载最不利位置，并计算其最大、最小值。

19-7 试判断最不利荷载位置，并求图示简支梁在汽车—15 级荷载（如图示荷载）作用下，截面 C 的剪力 Q_C 的最大值和最小值。

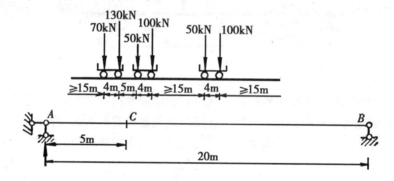

习题 19-7 图

19-8 试作图示简支梁的内力包络图。图中集中荷载 P 和均布荷载 q 均为活荷载。

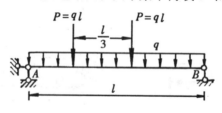

习题 19-8 图

参 考 书 目

1. 南京工学院、西安交通大学主编，《理论力学》上、下册，高等教育出版社，1978 年版。
2. 周国谨、施美丽、张景良编著，《建筑力学》，同济大学出版社，2000 年版。
3. 张定华主编，《工程力学》，高等教育出版社，1981 年版。
4. 胡兴国主编，《结构力学》，武汉工业大学出版社，1999 年版。
5. 《材料力学》，于光瑜、秦惠民主编，高等教育出版社 1989 年版。
6. 《建筑力学》，沈伦序主编，高等教育出版社 1990 年版。
7. *Roger kihsky*：《*Engineering Mechanics and strength of Materials*》.